建筑业农民工业余学校培训教材

木 工

建设部人事教育司组织编写

中国建筑工业出版社

图书在版编目(CIP)数据

木工/建设部人事教育司组织编写. —北京：中国
建筑工业出版社，2007

（建筑业农民工业余学校培训教材）

ISBN 978-7-112-09640-4

Ⅰ. 木… Ⅱ. 建… Ⅲ. 木工-技术培训-教材
Ⅳ. TU759.1

中国版本图书馆 CIP 数据核字（2007）第 159551 号

建筑业农民工业余学校培训教材

木 工

建设部人事教育司组织编写

*

中国建筑工业出版社出版、发行（北京西郊百万庄）

各地新华书店、建筑书店经销

北京天成排版公司制版

北京云浩印刷有限责任公司印刷

*

开本：787×1092 毫米 1/32 印张：4½ 字数：99 千字
2007 年 11 月第一版 2015 年 9 月第七次印刷

定价：**11.00**元

ISBN 978-7-112-09640-4
（26487）

本书是依据国家有关标准规范并紧密结合建筑业农民工相关工种培训的实际需要编写的，主要内容包括：建筑识图基础、常用材料和工具、木结构工程、模板工程、木装修工程、安全生产知识教育等内容。

本书可作为建筑业农民工业余学校的培训教材，也可作为建筑业工人的自学读本。

* * *

责任编辑：朱首明　陈　桦
责任设计：赵明霞
责任校对：王　爽　刘　钰

建筑业农民工业余学校培训教材
审定委员会

建筑业农民工业余学校培训教材
编写委员会

主　　编：孟学军

副主编：龚一龙　朱首明

编　　委：（按姓氏笔画排序）

马岩辉	王立增	王海兵	牛　松
方启文	艾伟杰	白文山	冯志军
伍　件	庄荣生	刘广文	刘凤群
刘善斌	刘黔云	齐玉婷	阮祥利
孙旭升	李　伟	李　明	李　波
李小燕	李唯谊	李福慎	杨　勤
杨景学	杨漫欣	吴　燕	吴晓军
余子华	张莉英	张宏英	张晓艳
张隆兴	陈葶葶	林火桥	尚力辉
金英哲	周　勇	赵芸平	郝建颀
柳　力	柳　锋	原晓斌	黄　威
黄水梁	黄永梅	黄晨光	崔　勇
隋永舰	路　明	路晓村	阚咏梅

序　言

　　农民工是我国产业工人的重要组成部分，对我国现代化建设作出了重大贡献。党中央、国务院十分重视农民工工作，要求切实维护进城务工农民的合法权益。为构建一个服务农民工朋友的平台，建设部、中央文明办、教育部、全国总工会、共青团中央印发了《关于在建筑工地创建农民工业余学校的通知》，要求在建筑工地创办农民工业余学校。为配合这项工作的开展，建设部委托中国建筑工程总公司、中国建筑工业出版社编制出版了这套《建筑业农民工业余学校培训教材》。教材共有12册，每册均配有一张光盘，包括《建筑业农民工务工常识》、《砌筑工》、《钢筋工》、《抹灰工》、《架子工》、《木工》、《防水工》、《油漆工》、《焊工》、《混凝土工》、《建筑电工》、《中小型建筑机械操作工》。

　　这套教材是专为建筑业农民工朋友"量身定制"的。培训内容以建设部颁发的《职业技能标准》、《职业技能岗位鉴定规范》为基本依据，以满足中级工培训要求为主，兼顾少量初级工、高级工培训要求。教材充分吸收现代新材料、新技术、新工艺的应用知识，内容直观、新颖、实用，重点涵盖了岗位知识、质量安全、文明生产、权益保护等方面的基本知识和技能。

　　希望广大建筑业农民工朋友，积极参加农民工业余学校的培训活动，增强安全生产意识，掌握安全生产技术；认真学习，刻苦训练，努力提高技能水平；学习法律法规，知法、懂法、守法，依法维护自身权益。农民工中的党员、团员同志，要在学习的同时，积极参加基层党、团组织活动，发挥党员和团员的模范带头作用。

愿这套教材成为农民工朋友工作和生活的"良师益友"。

建设部副部长：黄卫

2007 年 11 月 5 日

前　言

目前随着生活水平的不断提高，人们对居家环境的要求也愈来愈挑剔，为此，房屋的建筑质量尤显重要，特别是人们的眼光越来越注重室内装饰效果。而装饰工程的工作质量和操作人员的技术正是实现室内装饰效果的最直接的保证。但就目前装饰市场现象分析，恰是操作人员队伍技术水平偏低。特别是随着建筑业的迅猛发展，从事专业操作的人员数量大量增加，增加的人员大多数来自农村，但随之而来就出现了建筑质量要求不断提高与农民工技术水平较低的矛盾。因此提高农民工操作技术水平亟待解决。本书是建设部人事教育司组织编写的建筑业农民工业余学校培训教材之一。

本教材面对的对象是在建筑企业工作的农民工朋友，技术范围涉及较低，既有基础知识，亦注重实际操作，旨在帮助农民工朋友尽快掌握木工的相应技艺和进一步提高技能。

本书由李福慎主编，江友平参编，周勇、王海兵主审，在编写过程中得到建设部、中建总公司有关领导及同行的支持和帮助，参考了相关的文献，在此一并表示感谢！

本书包括：建筑识图基础、常用材料和工具、木结构工程、模板工程、木装修工程、安全生产知识教育等内容。

由于时间仓促，水平有限，若有不当之处，恳望赐教。

目　　录

一、建筑识图基础 ……………………………………… 1

　（一）投影的基本原理 ……………………………… 1

　（二）正投影的特性 ………………………………… 3

　（三）三面正投影图 ………………………………… 6

二、常用材料和工具 …………………………………… 11

　（一）常用材料（木材）…………………………… 11

　（二）常用工具及使用 ……………………………… 21

三、木结构工程 ………………………………………… 50

　（一）大跨度木屋架的制作、安装 ………………… 50

　（二）木基层屋面操作 ……………………………… 58

四、模板工程 …………………………………………… 67

　（一）木模板的施工方法 …………………………… 67

　（二）组合钢模板 …………………………………… 73

五、木装修工程 ………………………………………… 82

　（一）木地板工程 …………………………………… 82

　（二）护墙板、门窗贴脸板、筒子板的制作 ……… 98

　（三）门窗的制作与安装 …………………………… 103

　（四）吊顶工程 ……………………………………… 124

六、安全生产知识教育 ………………………………… 129

参考文献 ………………………………………………… 132

一、建筑识图基础

（一）投影的基本原理

我们看到用照片或绘画的方法来表现物体，其形象都是立体的，这种图和我们看实际物体所得到的印象比较一致，物体近大远小，很容易看懂。但是这种图不能把物体的真正尺寸、形状准确地表示出来，不能全面地表达设计意图，不能指导施工。

建筑工程的图纸，大多是采用正投影的方法，用几个图综合起来表示一个物体，这种图能准确地反映物体的真实形状和大小，投影原理是绘制正投影图的基础。

投影原理来源于生活。光线照射物体，在地面或墙面上就会出现影子，当光源中心的位置改变时，影子的形状、位置也随之改变，我们从这些现象中可以认识到光源、物体和影子之间存在着一定的联系，可以总结出它的基本规律。

如图 1-1(a)所示，灯光照射地面，在地面上就会出现影子，影子比桌面大。如果灯的位置在桌面正中上方，则它与桌面距离越远，影子就愈接近桌面的实际大小。如果我们假想用一束垂直于地面和桌面的平行光照射桌面，地面上就会出现和桌面大小相等的影子(图 1-1b)，所以说，影子是可以反映物体的大小和外形的。

1

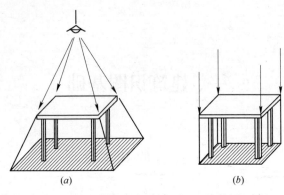

图 1-1　影子大小与光源的关系

　　物体的影子只是灰黑的轮廓，所以不能反映物体的内部情况(图 1-2a、b)。如果假设按规定方向射来的光线能透过物体，影子不但能反映物体的外形，同时也能反映物体上部和内部的情况，这样形成的影子就称为投影(图 1-2c、d)。我们把表示光源的线称为投射线，把落影平面称为投影面，把所产生的影子称为投影图。

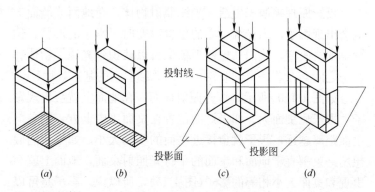

图 1-2　物体的影子与投影

用投影表示物体的方法称为投影法，简称投影。投影分为中心投影和平行投影两大类。由一点放射光源所产生的投影称为中心投影(图 1-3a)，由相互平行的投射线所产生的投影称为平行投影。平行投影又分为斜投影(图 1-3b)和正投影(图 1-3c)。一般的工程图纸都是用正投影的方法绘制出来的。

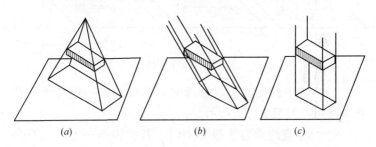

(a)   (b)   (c)

图 1-3 中心投影、斜投影、正投影示意
(a)中心投影；(b)斜投影；(c)正投影

（二）正投影的特性

1. 点、线、面正投影的基本规律

物体都可以看做是由点、线、面组成的，为了理解物体的正投影，首先要分析点、线、面正投影的基本规律。

（1）点的投影基本规律

点的投影仍然是一个点，如图 1-4 所示。

（2）直线的投影规律

1）一条直线平行于投影面时，其投影是一条直线，且长度不变，如图 1-5(a)所示。

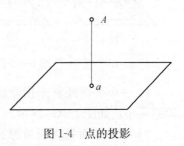

图 1-4 点的投影

3

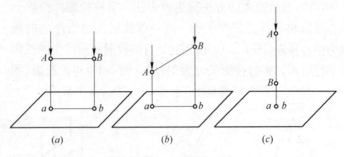

图 1-5　直线的投影

2）一条直线倾斜于投影面时，其投影是一条直线，但长度缩短，如图 1-5(b)所示。

3）一条直线垂直于投影面时，其投影是一个点，如图 1-5(c)所示。

（3）平面的投影规律

1）一个平面平行于投影面时，其投影是一个平面且反映实形，如图 1-6(a)所示。

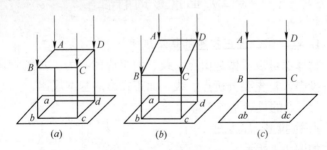

图 1-6　平面的投影

2）一个平面倾斜于投影面时，其投影是一个平面但面积缩短小，如图 1-6(b)所示。

3）一个平面垂直于投影面时，其投影是一条直线，如

图 1-6(c)所示。

2. 投影的积聚与重合

(1) 一个面与投影面垂直,其正投影为一条线。这个面上的任意一点、线或其他图形的投影也都积聚在这条线上(图 1-7a);一条直线与投影面垂直,它的正投影成为一个点,这条线上的任意一点的投影也都落在这一点上(图 1-7b)。这种特性称为投影的积聚性。

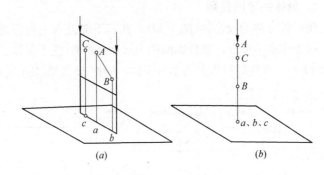

图 1-7 投影的积聚

(2) 两个或两个以上的点、线、面的投影叠合在同一投影上叫投影的重合性,如图 1-8 所示。

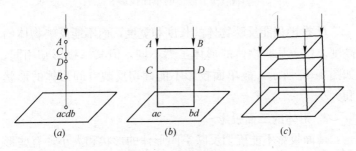

图 1-8 投影的重合

（3）空间的点、线、面或形体，在一定的条件下，只要确定了投影方向和投影面的位置，就有完全肯定的投影；反过来说，只根据它们的一个投影，却不能确定点、直线、平面或形体在空间的位置和形状。看图1-8不难理解。

（三）三面正投影图

1. 形体的单面投影

用一长方体为投影物（图1-9a），在其下部设有一投影面，由上向下作水平投影，该投影面称为水平投影面（图1-9b），简称为 H 面。得到的投影称为水平投影，简称 H 投影（图1-9c）。

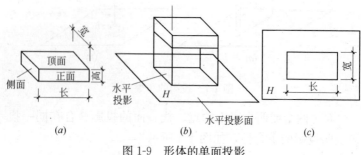

图 1-9 形体的单面投影

H 投影只能反映物体的长度和宽度，而不能反映物体的高度。由于某些物体的形体虽然不同，但某一投影却相同，如图 1-10 所示。故单面投影不能确切反映空间形体的形状和大小。

2. 形体的三面投影

单面投影不能确切反映空间形体的形状和大小，有些形体用两个投影即能确切地表现形体的形状和大小（如圆柱体、

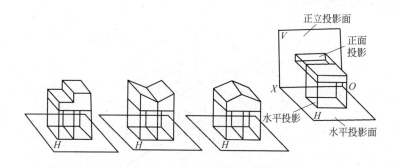

图 1-10　不同形体的单面投影

圆锥体），但大多数形体需要至少三个方面的投影才能确切地表现出形体的真实形状和大小。

　　三面投影从三个不同方向全面地反映出形体的顶面、正面和侧面的形状和大小。以物体的单面投影面（H 面）为基础，增加一个与 H 面垂直且与形体正面相平行的平面，还增加一个与 H 面相垂直且与形体侧面相平行的平面。用这样形成的两面垂直的三个平面，围成的三维空间作为物体的三个投影面。平行于形体正面的投影称正立投影面，简称立面，记为 V 面；平行于形体侧面的投影称侧立投影面，简称侧面，记为 W 面。加上 H 面投影，这样就得到形体的三面正投影，如图 1-11 所示。H 面与 V 面相交的投影轴用 X 表示，简称 X 轴；W 面与 H 相交的投影轴用 Y 表示，简称 Y 轴；W 面与 V 面相交的投影轴用 Z 表示，简称 Z 轴。X、Y、Z 轴分别表示形体长、宽、高三个方向的尺度，其交点称为原点。三个投影面也可看作是坐标面，投影轴就相当于坐标轴，其中 OX 轴就是横坐标轴，OY 轴就是纵坐标轴，OZ 轴就是竖坐标轴。三个轴的交点就是坐标原点。

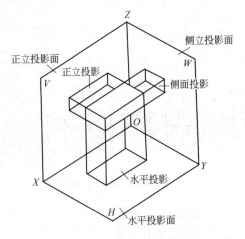

图 1-11　形体的三面投影

3. 三面正投影图的展开

作为三维空间的图示不方便施工，为得到在同一平面上的施工图，将投影面展开在同一平面上。方法是将 OY 轴一分为二，为 OY_H 轴和 OY_W 两轴。再以 OX 轴为轴心将 H 面向下旋转 $90°$，以 OZ 轴为轴心将 W 面向后旋转 $90°$，即得到一个平面上的三个投影面，如图 1-12 所示。

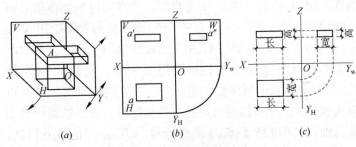

(a)　　　　　　　(b)　　　　　　　(c)

图 1-12　三面投影的展开

4. 三面投影的特点

(1) 正立投影反映形体的长度、高度和形体上、下、左、右关系；水平投影反映形体长度、宽度和形体前、后、左、右关系；侧立投影反映形体高度、宽度和形体上、下、前、后关系。

(2) 正立投影和水平投影都反映形体的长度，因此这两个投影在沿长度方向应左右对正，称为"长对正"；正立投影和侧立投影都反映形体的高度，所以这两个投影在高度方向要上下平齐，称为"高平齐"；水平投影和侧立投影都反映形体的宽度，故这两个投影在宽度方向应等宽，称为"宽相等"。

(3) 长对正、高平齐、宽相等称为三视图的"三等关系"，是三面投影的重要原则，也是检测投影正确与否的依据。

5. 三面投影图的绘制步骤

三面正投影图的绘制步骤为：

(1) 首先画出两条垂直相交的十字线作为投影轴（图1-13*a*）；

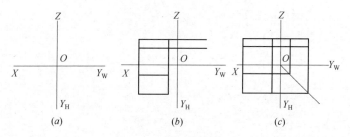

(*a*)　　　　　　(*b*)　　　　　　(*c*)

图 1-13　三视图的画法

(2) 由 O 点向斜右下方作与 Y_H 轴呈 45°角的一斜线；

（3）先依投影原理作 H 面（或 V 面投影）；

（4）再依投影的三等关系（V 面投影与 H 面投影画过渡线控制等长）作 V 面投影（或 H 面投影）；

（5）最后作 W 面投影，V 面与 W 面等高作水平控制过渡线；H 面与 W 面的等宽过渡线先水平，遇斜线后折转向上作垂直过渡线（图 1-13b、c）；

（6）投影为中实线，过渡线使用细实线。

二、常用材料和工具

建筑材料的种类繁多，水泥、木材和建筑用钢是建筑三大材料，然而木材、模板等为木工常接触的材料，本章只对其作简单介绍。

（一）常用材料(木材)

1. 木材的分类

木材、钢材和水泥是基本建设工程中三大建筑材料，简称"三材"，合理使用和节约"三材"，不仅是基本建设工程的重大课题，而且对整个国民经济的发展具有十分重要的意义。

木材不仅是传统的木结构材料，也是现代建筑中供不应求的"三材"之一。木材质轻，有较高强度，具有良好的弹性、韧性，能承受冲击、振动等各种荷载的作用。木材天然纹理美观，富于装饰性，导热系数小、隔热性强，分布较广，便于就地取材。但因生产周期长，且常有天然疵病，如腐朽、木节、斜纹、质地不均等，对其利用率和力学性能有很大影响。木材容易燃烧，不利于防火。

木材按树种可分为针叶树和阔叶树两大类。针叶树纹理顺直、树干高大、木质较软，适于作结构用材，如各种松木、杉木、柏木等。阔叶树树干较短，材质坚硬，纹理美观，适于装饰工程使用，如柞木、水曲柳、榆木、榉木、柚木等。

2. 木材的主要性质

（1）木材的物理性质

1）含水率　木材中水分为两部分：一部分存在于木材细胞壁纤维间，叫吸附水（附着水）；当吸附水达到饱和后，水分就贮存于细胞腔和细胞间隙中，称为自由水（或游离水）。当木材中吸附水达到饱和而尚无自由水时，此时的含水率（质量含水率）称为纤维饱和点或临界含水率（$W_{临}$）。不同树种的临界含水率在 25%～35% 之间变化。临界含水率是影响木材物理、力学性质的转折点。试验证明，当木材含水率小于 $W_{临}$ 时，木材体积干缩湿胀，当含水率大于 $W_{临}$，即有自由水存在时，含水率的变化对木材的性能几乎没有影响（只是重量变化）。

当木材的含水率与周围环境的相对湿度达到平衡而不再变化时，称为湿度平衡，此时含水率叫做平衡含水率。南方雨季时，木材平衡含水率为 18%～20%；北方干燥季节，平衡含水率为 8%～12%。华北地区的木材平衡含水率为 15% 左右。为了减少木材干缩湿胀变形，可预先使木材干燥到与周围湿度相适应的平衡含水率。

一般新伐木材的含水率高达 35% 以上，经风干后为 15%～25%，室内干燥后为 8%～15%。

2）密度和导热性

木材的密度平均约为 500kg/m³，通常以含水率为 15%（称为标准含水率）时的密度为准。干燥木材的导热系数很小，因此，木材制品是良好的保温材料。

（2）木材力学性质

由于木材构造质地不匀，造成了木材强度有各向异性的特点。因此，木材的各种强度与受力方向有密切的关系。

木材的受力按受力方向可分为顺纹受力、横纹受力和斜纹受力。按受力性质分为拉、压、弯、剪四种情况(图 2-1)。木材顺纹抗拉强度最高，横纹抗拉强度最低，各种强度与顺纹受压的比较见表 2-1。影响木材强度的因素很多，最主要的是木材疵病、荷载作用时间和含水率。疵病对抗拉强度影响很大，而对抗压的影响小得多。所以木材实际的抗拉能力比抗压能力还要低。木材的长期强度几乎只相当于短期强度的 50%～60%，木材含水率增大时，强度有所降低。当长期处在 40～60℃条件下时，木材强度会逐渐降低，而在负温情况下强度会有提高。

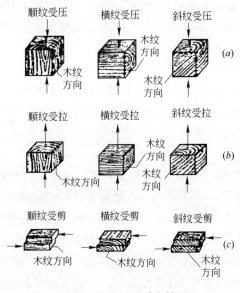

图 2-1　木材的受力情况

(a)顺纹受力；(b)横纹受力；(c)斜纹受力

抗　压		抗　拉		抗弯	抗　剪	
顺　纹	横　纹	顺　纹	横　纹		顺　纹	横　纹
1	1/10～1/3	2～3	1/20～1/3	1～2	1/7～1/3	1/2～1

3. 常用木材

（1）针叶树

1）红松。红松心材黄褐略带肉红色，边材为浅黄白色，树皮呈紫褐色，多含油脂，有松香味，年轮窄而均匀，不易开裂，变形小。其干燥后稳定性好，而且具有材质轻，较容易加工等特点，是一般木材所不及的，仅次于杉木。但红松易受菌害（主要是霉菌）而出斑、青皮，因而给使用带来不良影响。若只是一般表面变色，则不影响使用。红松适用于制作门窗、屋架和家具。

2）白松。白松树皮呈鱼鳞状，故称鱼鳞松。心、边材区别不明显，材色呈浅驼色带黄白色，纹理直行，富有弹性。白松缺点是色泽、纹理较差，而且多节疤。白松节子坚硬，加工时易磨损刀刃。白松适用于制作建筑模板、门窗、地板。

3）黄花松。黄花松又称落叶松，心、边材区别明显，边材呈黄白色，略带褐色，心材为黄褐色或棕褐色，材质略硬，不易加工，钉着力强，但容易钉裂。具有较强的耐腐蚀性能，但易变形，在我国东北地区使用较多。黄花松抗压、抗弯强度较高，可用作承重结构，如：枕木、檩木、模板、屋架（用螺栓结合）。因其易变形，一般不用于制作家具、门窗等。

4）柏木。柏木虽属软木，但无论顺纹抗压、还是顺纹抗拉,以及抗弯、抗剪强度均高于松、杉,是较理想的木材,但价格较贵,木质较细腻,大都作为木制家具面料使用。

5) 杉木。杉木表观密度比松、柏小,各项强度与松木相近,低于黄花松,但不易腐蚀,变形小,多用于家具衬板和木墙裙。

(2) 阔叶树

1) 水曲柳。水曲柳心、边材区别不太明显。边材呈浅黄褐色,心材色略深。质重而坚硬,弹性和耐久性均好,且耐腐蚀。纹理美观,但不易干燥,变异性大。水曲柳是制作胶合板,进行细木装修的理想木材,是良好的家具贴面材料。

2) 桦木。桦木树皮厚且呈白色,成片剥落状。心、边材区别不明显,黄白略带褐色,结构细密。质脆易折断,干燥易翘曲。抗腐能力不强,在潮湿空气中极易变质,主要用于生产胶合板面材,作为高级装饰、门窗套及高级家具用。

3) 柞木。柞木心材褐色,边材色较浅。材质重而坚硬,耐磨损,木材锯解、刨削稍难,并有特殊的酸味,适用于制作硬木地板及文教体育用品。

4) 榆木。榆木材色呈暗灰褐色,强度、硬度、质量适中,不论锯、刨、钉、胶结,性能均好。结构较粗,适用于家具制作和室内装修。

4. 常用人造板材

人造板材与木材比较,具有幅面大、变形小、表面平整光洁、无各向异性等优点,有些人造板材还有漂亮的木纹,适用于表面装饰,因此,被广泛用于宾馆、展览厅、礼堂、客车、船舶、客机等的装修装饰工程和家具生产中。同时，人造板的使用，使一些短残废料得以利用，提高了木材的利用率。现仅选择目前几种常用的人造板材进行介绍。

(1) 胶合板

1) 胶合板的制作　为了解决材料的各向异性，一般均按奇数层制作，如三层、五层、七层、九层制板，胶合板的面层通常选用外观比较完整且花纹较美观的材料，底层用料一般比面层略差，而中间层用料较差。

2) 胶合板的分类　一般按耐气候、耐水、耐潮来分类：

A. Ⅰ类，耐气候、耐沸水胶合板。这类胶合板是用酚醛树脂胶或其他性能相当的胶粘剂粘合而成的，具有耐久、耐煮沸(或蒸汽)、耐干热和抗菌等性能，可在室外使用。但其价格较高，非室外或蒸汽房等处不用。

B. Ⅱ类，耐水胶合板。这类胶合板使用脲醛树脂胶等胶粘剂粘合而成，能在冷水中浸泡和经受短时间的热水浸泡，有抗菌性能，但不耐沸水，在热源蒸汽房、锅炉房等处禁用。

C. Ⅲ类，耐潮胶合板。这类胶合板是用血胶和带有多量填料的脲醛树脂等胶粘剂制成的，能耐短期的冷水浸泡，适合室内常温状态下使用，市场上大量供应的基本上属此类。

3) 胶合板的规格

A. 厚度。厚度与层数有关，三层厚度为 2.5～6mm；五层厚度为 5～12mm；七～九层厚度为 7～19mm，十一层胶合板厚度为 11～30mm。现在车、船及飞机的内表面装饰均已改用较厚的装饰贴面板。

B. 幅面尺寸。幅面尺寸见表 2-2。

胶合板幅面尺寸（单位：mm）　　　　表 2-2

厚　　度	宽×长
2.5，3，3.5，4.5，5，自5mm起按1mm递增	915×915
	915×1830
	915×2135
	1220×1220
	1220×1830
	1220×2135
	1220×2440　1525×1525
	1525×1830

（2）刨花板

刨花板是利用各种机械加工而成的刨花或加入部分细木屑，经过干燥，拌胶热压而成的一种人造板材。刨花板主要特点是由于多孔，可以吸声，隔热性能好，具有一定的防火性能，火源移开后阴燃，抗菌性能高于天然木材。刨花板现在常被用作大厅的天花板、建筑隔墙。在一些影剧院的天花和墙裙以上的墙面，也有用粗孔刨花板作吸声处理的，并在表面薄薄涂刷色浆，但不宜涂刷过厚，以免堵塞孔隙而降低吸声效果。外形尺寸、技术规格见表2-3。

各种主要人造板材外形尺寸、技术规格表　　　表 2-3

名称	外形尺寸			技　术　规　格	建筑上的用途
	厚(mm)	宽(mm)	长(mm)		
刨花板	16、19	800	800	表观密度 500～650kg/m³	用于墙、吊顶的吸声、保温，并可作轻质隔墙板，现市场已不多见
		1000	1500		
		1250	2100		
	19	915	3050	表观密度 600～750kg/m³	

名称	外形尺寸			技 术 规 格	建筑上的用途
	厚 (mm)	宽 (mm)	长 (mm)		
硬质纤维板	3.5	1220	2400	吸水率 15%～20% 强度 30～50N/mm² 表观密度 1000～ 1100kg/m³	镶板门、夹板门、室内装修、地板、模板、活动房
	3.5、4、 6、8	1050	2100		
	3.5	1200	3000		
	3.5	915	2135		
软质纤维板	10、12、 13	914	1630	表观密度 167～ 360kg/m³	墙及吊顶的吸声、保温
	15、19、 25	1220	2440	表观密度 200～ 250kg/m³	
木丝板	15	610	1830	表观密度 400kg/m³	用于墙、吊顶的吸声、保温，并可作轻质隔墙板，现市场已不多见
	25	610	1830		
	50	610	1830	强度 0.5～0.8N/mm²	
	30	500	1500	表观密度 350～ 550kg/m³	
装饰贴面板	2～3	850	1750	—	大量用于家具、车船、飞机的表面装饰
		850	1000		
		1000	2000		
石膏纤维穿孔吸声板	8	500	500	抗弯强度＞10N/mm²	作吸声、天花，常用于礼堂、剧场、客厅，表面可喷彩色涂料
	8	600	600	冲击强度 0.294 N·m/cm²	
				表观密度 1000～ 1100kg/m³	
				导热系数 0.652～ 0.699kJ/m·h·℃	

（3）木丝板

木丝板是利用木材的短残料通过专用机械刨成木丝，再和水泥、水玻璃等搅拌后加压凝固成型的。具有隔声、隔热、防蛀、耐火等优点，用途与刨花板基本相同。外形尺寸、技术规格见表2-3。

（4）装饰贴面板

装饰贴面板是将经过浸胶的表层纸（装饰纸）和底层纸，顺序叠放后热压塑化而成的一种板材。装饰贴面板耐腐蚀、耐磨、耐烫，防水性能好，表面光滑美观。装饰贴面板和胶合板、纤维板共同使用可增加强度。装饰贴面板主要用于家具面层、室内装修，还可以用一般皮胶、脲醛树脂胶或酚醛树脂胶将装饰贴面板粘贴在各种木质板材上，以扩大其使用范围。外形尺寸、技术规格见表2-3。

（5）纤维板

纤维板是将废木材用机械方法分离成木纤维，或预先经化学处理，再用机械方法分离成木浆，经过成型、预压、热压而成的板材。纤维板在构造上不仅比天然木材均匀，而且避免了节子、腐朽、虫眼等缺陷，同时它胀缩性小，不翘曲、不开裂。纤维板可供建筑、车辆、船舶内部装修及制作家具、农机具包装箱等方面使用。由于装饰贴面板的问世，在许多施工生产中，纤维板已被装饰贴面板替代，但在包装箱等的生产中仍有应用。

（6）细木工板

细木工板是上下两层单板中间夹有小木料，经胶合而成的人造板材，具有幅面大、平整、吸声、隔热、使用方便等特点，以加工工艺可分为不砂光、一面砂光和两面砂光板。宜采用的胶类可分为Ⅰ类和Ⅱ类板。依材质和加工质量可分为一、二、三级板。其幅面为915mm×915mm、1830mm×915mm、2135mm×915mm 的三种，厚度有 16、19mm 两种；以及幅面为 1220mm×1220mm、1830mm×1220mm、2135mm×1220mm、2440mm×1220mm 的四种，厚度有22、25mm 两种。

（7）石膏纤维穿孔吸声板

石膏纤维穿孔吸声板有多种穿孔花纹可供选择，常用于做礼堂、客厅等的天花，其技术性能见表 2-3。

5. 木材的防腐与防火

（1）木材的防腐

将木结构置于通风良好的干燥环境，使其含水率低于15％时，导致木腐菌因缺少水分而无法生存繁殖。木腐菌生存的另一个条件是空气和温度。当气温高于 60℃时，腐朽菌就不能生存，5℃ 以下也停止生长，这样的温度条件在木材长期使用阶段是无法达到的，但使木材隔绝空气（用油漆和毒剂涂刷浸渍木材表面）是容易做到的。

（2）木材的防火

木材防火要求与建筑物防火要求等级有关，如Ⅰ级建筑物，耐久年限在 100 年以上，用于具有历史性、纪念性、代表性建筑；Ⅱ级建筑物，耐久年限为 50～100 年，如重要的公共建筑，大城市火车站、百货大楼、国宾馆、大剧院；Ⅲ级建筑物，耐久年限 40～50 年，如比较重要的建筑，医院、高等院校及主要工业厂房。在以上三类建筑中，用于天花、壁、墙的木材，需由公安局消防部门指定工厂进行防火处理才能使用，施工单位无权自行处理。经处理后的木料，火源脱离后只会阴燃而不会自燃。使用年限在 15～40 年的普通建筑（Ⅳ级）和使用年限在 15 年以下的临时建筑（Ⅴ级）才允许施工单位进行防火处理或补充修改设计，对于一些重要部位，设计院设计时需考虑有隔离措施。丙烯酸乳胶涂料是一

种用于木材的防火涂料，每立方米木材用量不得少于
0.5kg。这种涂料无抗水性，可用于顶棚、木屋架和室内细
木制品(指Ⅳ级和Ⅴ级建筑，设计院在设计中有具体要求的
部位)。

6. 胶料

胶结木材用的胶料分为蛋白质胶和化学胶两大类。蛋白
质胶中又分为皮胶、骨胶、酪素胶，皮胶和骨胶均在施工现
场由木工自行熬制，酪素胶有成品出售；化学胶又分为酚醛
树脂、脲醛树脂、聚醋酸乙烯酯胶和乙烯—醋酸乙烯共聚树
脂胶等，均为工厂生产的成品，市场有售。皮胶和骨胶的优
点是胶着力强，调制方便，其缺点是不耐水、不抗菌，尤其
夏天使用易发臭，胶液冷却时会变稠。为了增强皮胶、骨胶
的耐水和抗菌能力，可以与甲醛或重铬酸钾并用，但一般工
地不用。

化学胶具有良好的耐水性，待胶合件完全固化后，在开
水中浸煮也不会脱胶。脲醛树脂的耐水性能比酚醛树脂
略差。

(二) 常用工具及使用

1. 手工工具

木工工具生产品的用具，其质量的好坏与操作的灵便性
以及工件的质量有极密切的关联。因此，工具越精良，操作
越方便，不但可以提高生产效率，而且还可以保证工件的
质量。

木工首先应熟悉常用工具的名称、用途、规格、性能和
操作方法，以便能够正确使用，充分发挥工具的作用。

常用的木工手工工具有：划线、锛、凿、斧、刨、锯、锉、钻、锤等。

（1）画线工具及使用方法

木工要把木材制成一定形状、尺寸、比例的构件或制品，其第一道工序就是画线。木工常用画线工具有直尺、折尺、墨斗、勒子、角尺、划规、墨株等。

1）量尺

A. 直尺：画直线的尺子，有刻度，刻度单位为 m、cm、mm。

B. 折尺：是能折叠的尺子，刻度同直尺，携带和使用方便，故为木工常用工具。

C. 钢卷尺（盒尺）：刻度清晰、标准，使用携带方便，常用的长度有 1、2、3、10m 等多种。

2）角尺

A. 直角尺：是木工用来画线及检查工件或物体是否符合标准的重要工具，由尺梢和尺座构成。尺梢需用竹笔直接靠紧它进行画线，尺座上有刻度，可测量工件长度。尺梢与尺座成垂直角度。

直角尺的用途：

a. 用于在木料上画垂直线或平行线；

b. 检查工件或制品表面是否平整；

c. 用于检查或校验木料相邻两面是否垂直，是否成直角；

d. 用于校验画线时的直角线是否垂直；

e. 校验半成品或成品拼装后的方正情况。

B. 活尺：也称活络尺，用以画任意斜线。由尺座、活动尺翼和螺栓组成。活络尺使用时，先将尺翼调整所需角度，再将螺母旋紧固定，然后把尺座紧贴木料的直边，沿尺翼画线。

　C. 三角尺：也称斜尺，是用不易变形的木料或金属片制成，由两条直角边和一条斜边组成的等腰三角形尺，是画45°斜角结合线不可少的工具。使用时，将尺座靠于木料直边，沿尺翼斜边画斜线，也可沿直边画横线、平行线。

　3）画线笔：画线笔有木工铅笔和竹笔两种。

　木工铅笔笔杆呈椭圆形，笔芯有黑、红、蓝等几种。画线时，将铅笔芯削成扁平形状，把铅芯紧靠在尺沿上顺画。

　竹笔，也称墨衬，在建筑施工时，制作木构件，如门窗、屋架等方面和民用木工制作家具方面广泛使用。竹笔的制作材料是有韧性的，笔端宽 15～18mm，笔杆越来越窄，以手握合适为宜，长约 20cm。笔端削扁并呈约 40°的斜面，纵向切许多细口以便吸墨。笔端扁刃越薄，画线越细，切口越深，吸墨越多，使用时将笔蘸墨即可画线。

　4）墨斗：用硬质木料凿削而成，亦有用塑料、金属等材料。制作前部是斗槽，后部是线轮、摇把和执手。斗槽内装满丝绵、棉花或海绵类吸墨材料，倒入适量墨汁，墨线一端在后部线轮上，另一端通过斗槽前后的穿线孔再与定钩连接好。使用时，定钩挂在木料前端，墨斗拉到木料后端，墨线虚悬于木料面上，左手拉紧并压住线索绳，右手垂直将墨线中部提起，松手回弹，即在木料上绷出墨线迹。

　5）墨株：在校齐整的木料上需画大批纵向直线时，也可用固定墨株画线。

　6）勒子：有线勒子和榫勒子两种。勒子由勒子杆、勒子档和蝴蝶母组成。两种勒子使用方法相同，使用时，按需要尺寸调整好导杆及刀刃，把蝴蝶母拧紧，将档靠紧木料侧面，由前向后勒线。如果刨削木料，可用线勒子画出木料的大小基准线。榫勒子一次可画出两条平行线，在画榫头和榫眼的线时才使用。

7) 画线要求与符号

A. 画线的要求：下料画线时，必须留出加工余量和干缩量。锯口余量一般留 2～4mm，单面刨光余量为 3mm，双面刨光优质产品量为 5mm，木材应先经干燥处理后使用。如果先下料后才干燥处理，则毛料尺寸应增加 4% 的干缩量。画对向料的线时，必须把料合起来，相对地画线（即画对称线）。制品的结合处必须避开节子和裂纹，并把允许存在的缺陷放在隐蔽处或不易看到的地方。榫头和榫眼的纵向线，要用线勒子紧靠正面画线。画线时必须注意尺寸的精确度，一般画线后要经过校核才能进行加工。

B. 画线符号：是木料加工过程中木工使用的一种"语言"，为避免加工中出现差错，必须有统一的符号，以便识别使用。画线符号在全国还不统一，各地使用符号各有差异。在建筑木工和民用木工中使用的符号也有差异，因此，当共同工作时，必须要事先统一画线符号，以便能顺利地工作，相互之间密切配合。

（2）砍削工具及使用方法

木工的常用砍削工具有锛和斧。

1）锛

锛头用锻铁制成，前刃平齐，木把用硬木做成，一般用于砍削较大木料的平面，锛子是大木制作所用的工具，操作比较简单。

砍削木料时，一手在前，另一手在后，握住锛把的后部，脚站在木料左（或右）侧，由木料的后端向前等距离断成断口，断砍到前端时，左（或右）脚在前，站稳地面上，右脚略向后侧踏在木料上面，脚尖向右前，脚的内前侧脚掌略翘起，由木料的前端开始按已划好的线茬向后锛削。被砍削木料必须放置稳固；锛头的刃口必须锋利；锛刃砍进木料后，要将锛把稍加摇晃再起锛；防止木碴木片垫着刃口而发生滑移。

2）斧子

由钢制斧头和木把组成，分单刃斧和双刃斧两种，斧头重量约 1kg。单刃斧的刃在一侧，适合砍而不适合劈；双刃斧刃在中间，砍劈均可。

A. 斧子的操作

a. 下斧要准确，手要把握落斧方向和力度的大小，顺茬砍削。

b. 以墨线为准，留出刨光余量，不得砍到墨线以内。

c. 若必须砍削的部分较厚，则必须隔约 10cm 左右斜砍一斧，以便砍到切口时木片容易脱落掉。

d. 砍料遇到节子，若为短料应调头再砍；若为长料应从双面砍；若节子在板材中心时，应从节子中心向两边砍削。节子较大时，可将节子砍碎再左右砍削。如果节子坚硬应锯掉而不宜硬砍。

e. 砍削软材，不要用力过猛，要轻砍细削，以免将木料顺纹撕裂。

f. 在地面砍削时，木料底部应垫木块，以防砍地而损坏斧刃。砍削木料时，应将其稳固在木马架上。

g. 斧把安装要牢固。砍削开始，落斧用力要轻、稳，逐渐加力，方向和位置把握要准确。

h. 斧刃要保持锋利。钝斧砍削既影响质量又降低效率、且不安全。

平砍适用于砍较长板材的边棱。将木料固定放在工作台上，被砍面朝上，两手握斧把，一手在前一手在后，斧刃向侧下，顺木纹方向砍削。

立砍适用于砍短料：将料垂立，左手握木料左上部，右手握斧把，由上向下沿画好的线顺茬砍削，如图 2-2 所示。

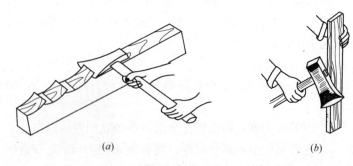

(*a*)　　　　　　　　　　　(*b*)

图 2-2　砍削方法
(*a*)平砍；(*b*)立砍

B. 斧刃的研磨方法：

以双手食指和中指压住刃口部位，或一手握斧把，一手压刃口，紧贴磨石向前推为研磨行程，刃口斜面要始终贴在磨石面上。向后拉为空程，要轻带，斧刃与磨石的角度要保持一致，切勿翘起。当刃口磨得发青、平整、平直时，则表示已研磨锋利，一般常用拇指横着斧刃试之。

(3)锯割工具

1)锯的种类

木工锯有框锯、刀锯、手锯、侧锯、钢丝锯、横锯、板

锯等多种。较常用的有框锯
和刀锯两种。

A. 框锯：也称拐子锯，
由锯拐、锯梁和锯条、锯绳
（钢串杆）、锯标组成。锯拐
一端装麻绳，用锯标绞紧
（装钢串杆，用蝴蝶螺母旋
紧），如图2-3所示。

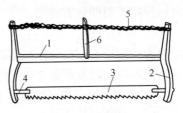

图2-3　框锯

1—锯梁；2—锯拐；3—锯条；

4—锯钮；5—锯绳；6—锯标

框锯又分为截锯、顺锯和穴锯。

a. 截锯：也称横向锯，用于垂直木纹方向的锯割。锯
条尺寸略短，齿较密。锯齿刃为刀刃型。前刃角度小，锯齿
应拨成左、右料路。

b. 顺锯：也称纵向锯，用于顺木纹纵向锯割。锯条较
宽，便于直线导向，锯路不易跑弯。锯齿前刃角度较大，拨
齿为左、中、右、中料路。

c. 穴锯：也称曲线锯，适用于锯割内外曲线或弧线工
件。锯条长度为600mm左右。锯条较窄，料度较大，前刃
角介于截锯和顺锯中间，拨齿为左、中、右。

框锯操作方法：首先把锯条方向调整好，使整个锯条调
到一个平面上，然后绷紧锯绳（钢串杆）即可。

B. 刀锯：有双刃刀锯、夹背刀锯、鱼头刀锯等。刀锯
由锯片、锯把组成，如图2-4所示。刀锯携带方便，适用于

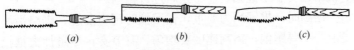

(a)　　　　　　　　(b)　　　　　　　　(c)

图2-4　刀锯

(a)双刃刀锯；(b)夹背刀锯；(c)鱼头刀锯

框锯使用不便的地方使用。

a. 双刃刀锯：锯片两侧均有锯齿，一边为截锯锯齿，一边为顺锯锯齿，都可以两用，不受材面宽度的限制，适合锯割薄木板和胶合板等又长又宽的材料。

b. 夹背刀锯：锯片较薄，其钢夹背是为加强锯片背部强度，用以保持锯片的平直。由于锯齿较细较密，锯割的木料表面光洁，夹背刀锯多用于细木工活使用。

c. 鱼头锯。鱼头锯其一面有齿，锯齿比较粗，齿形为刀刃状，若为人字齿多作横截使用。

C. 钢丝锯和侧锯的构造：如图 2-5 所示，侧锯为刹肩等细部所用；钢丝锯为锯割半径较小的圆弧等所用。

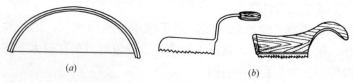

(a)　　　　　　　　　　　　*(b)*

图 2-5　钢丝锯和侧锯

2）锯的使用

A. 框锯的使用

锯割时，把木料放在工作台上，用脚踏牢。下锯时，右手紧握锯拐，锯齿向下，左手大拇指靠住线的端头处，右手把锯齿挨住左手大拇指，轻轻推拉几下（预防跳锯伤手）。当木料棱角处出现锯口后，左手离开，可加大锯割速度。可两手握锯也可右手握锯、左手扶料进行锯割。

锯割时，推锯用力要重，锯回拉时用力要轻；锯路沿墨线走，不要跑偏；锯割速度要均匀、有节奏；尽量加大推拉距离，锯的上部向后倾斜，使锯条与料面的夹角大约呈 70°。

当锯到料的末端时，要放慢锯速，并用左手拿住要锯掉的部分，以防木料撕裂，或将木料调头锯割。

横截木料时，左脚踏木料，身体与木料呈 90°角。顺截木料时，用右脚踏木料，身体与木料呈 60°角。

B. 刀锯的使用

使用刀锯割前，首先将木料垫平或放置在工作台面上，用左手配合右脚压牢木料，右手握住锯把，轻轻引锯。若双手锯割，则左手在前，右手在后，双手紧握锯把，使锯身与木料面成约 30°的夹角，然后适当加上两手的压力，上下推拉锯把进行锯割。

3）锯齿的齿形

木工锯的锯割，是靠锯齿把木料锯成某种形状的。新锯条没有料路，若不预先拨好料路就直接使用，就会夹锯。所以，必须根据需要拨好料路，锯齿锉磨锋利才能使用。锯齿的功能主要取决于其料路、料度和斜度。纵向顺锯与横截锯所锯木料不同，因而锯的料路、料度、斜度也有区别。

A. 料路 又称锯路，是指锯齿向两侧倾斜的方式。料路分为二料路和三料路两种，如图 2-6 所示，三料路又分为

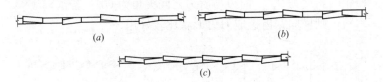

图 2-6 料路

(a)三料路(左、中、右、中)；(b)三料路(左、中、右)；(c)二料路(左、右)

左中右三料路和左中右中三料路。左中右三料路锯齿排列是一个向左、一个居中、一个向右相间排列，一般纵向顺锯均采用这种料路。左中右中三料路的锯齿是一个向左、一个中

立、一个向右、一个中立相间排列，一般顺锯锯割潮湿木料或硬木料时采用这种料路。

二料路又称人字料路，其锯齿排列是一个向左、一个向右相间排列，横锯均采用这种料路。没有料路的锯条容易夹锯，不能使用。

B. 料度　又称路度，指锯齿尖向两侧的倾斜程度，如图 2-7 所示。

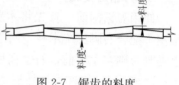

图 2-7　锯齿的料度

料度是使用中能使锯条与木料形成间隙，减少锯条的摩擦，既省力又便于木屑排出。一般横截锯的料度为锯条厚度的 1～1.2 倍；顺锯锯条的料度在锯料时应适当加大，有利于进行弯曲锯割。若锯割湿料，也应加大料度。料度在使用时会因锯条与木料摩擦发热而减小，所以必须经常修整锯条。

C. 斜度　锯齿呈楔形状，前刃短、后刃长，前刃与锯条长度方向的夹角称斜度，如图 2-8 所示。斜度应根据锯的用途而定，一般顺斜度为 80°，前刃与后刃之间夹角为 55°，横锯的斜度为 90°，前刃与后刃之间夹角为 60°。若锯割潮湿木料，则横向锯齿锉成刀刃形状比较好用。

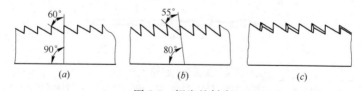

图 2-8　锯齿的斜度

(a)刀横向锯齿；(b)纵向锯齿；(c)刀刃齿

4）锯的维修保养

木工锯在使用中，若锯齿不锋利，就会感到进锯慢而又费力，表明需要锉伐锯齿；若感到夹锯，则表明锯的料度因受摩擦而减小；若总是向一侧跑锯，表明料度不均，应进行拨料修理。修理锯齿时，应先拨料，然后再锉锯齿。

A. 拨料：料路是用拨料器进行调整的，如图 2-9 所示。

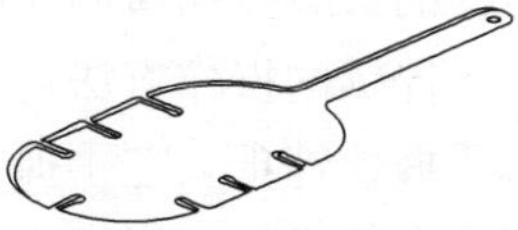

拨料时，将拨料器的槽口卡住锯齿，用力向左或向右拨开，拨开程度要符合料度要求。

图 2-9　拨料器

B. 锉伐　锉伐锯齿时，把锯条卡在木桩顶上或三脚凳端部预先锯好的锯缝内，使锯齿露出。根据锯齿大小，用 100～200mm 长的三角钢锉或刀锉，从右向左逐齿锉伐。锉锯时，两手用力要均匀，锉的一面要垂直地紧贴邻齿的后面。向前推时要使锉用力磨齿，锉出钢屑，回拉时只轻轻拖过，轻抬锉面，如图 2-10 所示。常用的钢锉有三种：平锉、刀锉和三棱锉。

锉伐刀锯时，要先钉一个锯夹。锯夹由两块木板，一块固定夹木，一块活动夹木组成。使用时将活动夹木取出，使锯夹上口张开，把锯板嵌入锯夹内，露出锯齿，再用活动夹板在锯夹下端楔紧固定，如图 2-11 所示。

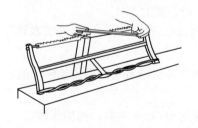

图 2-10　伐锯姿势

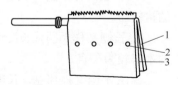

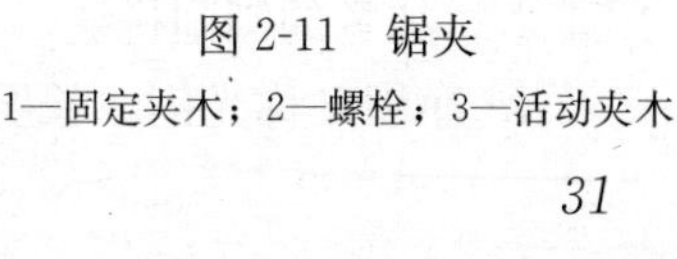

图 2-11　锯夹

1—固定夹木；2—螺栓；3—活动夹木

伐锯分描尖和掏膛两种。描尖是把磨钝的锯齿尖端锉削锋利。掏膛是在锯齿被磨短而影响排屑时才需要。掏膛是用刀锉的边棱按锯齿的长度,使两锯齿之间锯槽加深。

锉锯的操作方法:把锯身固定在锯夹或三脚马凳上,用右手握住锉把,左手拇、食指和中指捏住锉的前端,适当加压力向前推锉,以锉出钢屑为宜,回锉时不加压力,轻抬而过即可。对锉伐后的锯齿要求是:锯齿尖高低要一致,在同一直线上,不得有参差不齐现象;锯齿的大小相等,间距均匀一致;锯齿的角度要正确,符合齿形状的要求。每个锯齿都应有棱有角,刃尖锋利。

(4)刨削工具及使用方法

刨子是木工的重要工具,它可以把木料刨成光滑的平面、圆面、凸形、凹形等各种形状的面。所以,熟悉各种刨子的构造,掌握其使用方法,是木工的重要基本功。

1)刨子的种类

刨子的种类很多,按用途分为平刨、槽刨、圆刨、弯刨等。

A. 平刨 平刨是木工使用最多的一种刨,主要用来刨削木料的平面。按用途平刨可分为荒刨、长刨、大平刨、净刨。它们构造相同,差异主要在长度上。

a. 荒刨又称二刨,长度为 200~250mm,主要刨削木料的粗糙面。

b. 长刨又称大刨,长度为 450~500mm,经长刨刨削后的木料较为平直。

c. 大平刨又称邦克,长度为 600mm 左右,因刨床较长,用于木材加宽的刨削拼缝。

d. 净刨又称光刨,长度为 150~180nm,用于木制品最后的细致刨削，加工后的木料表面平整光滑。平刨主要由刨床、刨刃、刨楔、盖铁、刨把组成，如图 2-12 所示。

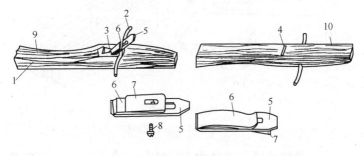

图 2-12　平刨

1—刨床；2—刨把；3—刨羽；4—刨口；5—刨刃；

6—盖铁；7—刨楔；8—螺钉；9—刨背；10—刨底

刨床用耐磨的硬木制成，宽度比刨刃约宽 16mm，厚度一般为 40～45mm。为防止刨床翘曲变形，要选择纹理通直，经过干燥处理的木料制作。刨床上面开有刨刃槽，槽内横装一根横梁；也可将刨刃槽前部开成燕尾形，将刨刃等卡在刨口，刨床底面有刨口，刨刃嵌入后，刃口与刨口的空隙要适当，一般长刨和净刨间隙不大于 1mm，荒刨不小于 1mm。

刨刀宽度为 25～64mm，最常用的是 44mm 和 51mm 两种。刨刃装入刨床内与刨腹的夹角视用途而定，长刨约 45°，荒刨约 42°，净刨约 51°。

刨把用硬木制成，可做成椭圆断面形状。刨把整个形状可做成燕翅形，其安装方式有三种：用螺钉固定；卡入刨刃后面的槽内；将刨把穿入刨床上。

B. 槽刨　槽刨是供刨削凹槽用的。有固定槽刨和万能槽刨两种，如图 2-13 所示。

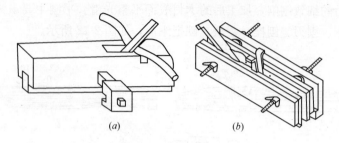

(a)　　　　　　　　(b)

图 2-13　槽刨

(a)固定槽刨；(b)万能槽刨

常用槽刨的刨刀规格为 3～15mm，使用时应根据需要选用适当的规格。万能槽刨由两块 4mm 厚的铁板将两侧刨床用螺栓结合在一起，在两侧铁板上锉有斜刃槽、槽刨刃槽。使用时将斜刃插入燕尾形刃槽内固定；槽刨刃装入刨床槽内，利用两只螺栓拧紧两侧刨床，将刨刃夹紧固定。万能槽刨可以有不同宽度的刨刃，根据刨削槽的宽度，可更换适当规格的刨刃使用。万能槽刨的刨床也有用几块硬木制作的。

C. 线刨　线刨有单线刨和杂线刨，刨床长度约 200mm，高度约 50mm，宽度按需在而定，一般在 20～40mm，刨刃与刨床的刨腹夹角一般为 51°左右。

单线刨：能加宽槽的侧面和底面，能清除槽的线脚，也可单独打槽、裁口和起线。单线刨构造简单，如图 2-14 所示。刨床扁窄，刃口比刨腹宽 2mm，刨屑从侧面翻出。刨刃的宽度不宜超过 20mm。

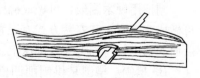

杂线刨：杂线刨有较

图 2-14　单线刨

多线刨,主要用于木装饰线的刨削,如门窗、家具和其他木制品的装饰线,也可刨制各种木线。杂线刨形状很多,仅列出几种供参考,见图 2-15 所示。

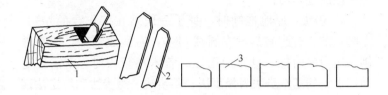

图 2-15　杂线刨

1—刨床;2—刨刃;3—线模

D. 边刨:又名裁口刨,是用于木料边缘裁口的刨削,如图 2-16 所示。

E. 轴刨:又称蝙蝠刨轴刨有铁制和木制,刨身短小,刨刃可用螺栓固定在刨床上,适合于刨削小木料的弯曲部分。刨削时用身体抵住木料后进行刨削。

铁刨有平底、圆底和双弧圆等几种。平底刨用以刨削外圆弧;圆底刨用来刨削内圆弧;双弧圆底刨用以刨削双弧面的木料,如图 2-17 所示。

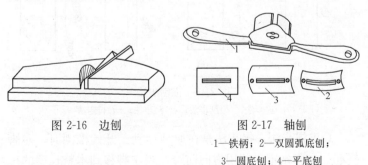

图 2-16　边刨

图 2-17　轴刨

1—铁柄;2—双圆弧底刨;

3—圆底刨;4—平底刨

2）刨子的使用方法

A. 推刨子的要领

木工用刨子最注意三法，即步法、手法、眼法，这三法是推刨的基本功。

a. 步法：原地推刨时，身子一般站在工作台的左边，左脚在前，右脚在后，左腿成弓步，右腿成箭步，两手端刨，用力向前推，身体向前压。若木料较长时，就需要走动，走动的基本步法为提步法、踮步法、跨步法和行走法四种，见图 2-18 所示。

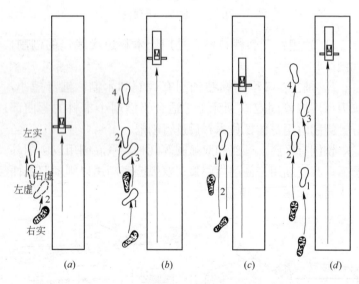

图 2-18 推刨步法

(a)提步法；(b)踮步法；(c)跨步法；(d)行走法

（a）提步法：提步法是在原地运动。开始推刨时，左脚提起，右脚站定，并用力向前蹬，当左脚移到木料长度的一半以上时即落地站稳，此时右脚快速蹬地，使身体继续向前运动。当刨到尽头时，右脚复原位，左脚稍向后蹬，待身体平稳后，左脚恢复到原提起状态，以便再次推刨。此法适用于一次能刨到头的木料。

（b）踮步法：此法是冲刺式向前运动。在原地推刨姿势的基础上，先以右脚接近左脚跟站稳，这时左脚迅速跨前一步，落地站稳后，右脚再靠近左脚跟站稳，左脚再迅速向前跨一步。此法适用于长刨刨长料。

（c）跨步法：以左脚为定点，右脚向左脚前跨一步，当刨推到头时，右脚马上向后蹬，引到原位，此法适用于一刨推到头的起线、裁口等工作。

（d）行走法：以走路的方式推刨前进。即右脚跨过左脚落地站定时，左脚向前走一步。以此类推。此法适用于刨长线、长槽、长缝等，推刨时，身体向前下方向要有一定的冲刺力。

b. 手法：推刨时，两食指分别压在刨膛的两边，两拇指同压在刨背上，其余手指握刨柄。也可根据具体情况掌握。开刨时，两食指要紧压刨背的前身；推刨到中间时，两拇指和食指要同时用力；推刨到末端头，两拇指紧压刨背的后身。刨腹要始终平贴材面运动。两手腕尽量向下压，手腕、肘、臂和身体的力要全部集中于刨床上。手腕不可高吊，以防遇到节子逆伤手指。刨削时，手是掌握刨削方向、位置及平稳的，刨推的力量主要靠身体运动，特别是腰力在刨推中起决定性的作用。

刨推应拉长距，不要碎刨短推，最好将刨子拉到身后向前长推。每刨一块料，都要先用短手刨净，用长手推刨。两相接处要先轻后重，逐渐加大压力，两刨衔接处不留刨痕，推刨时要养成直推习惯，以防斜推木料翘曲，见图 2-19。

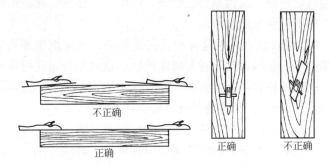

图 2-19　推刨要领正确

在刨削倒棱、断面时，一般采用单手推刨。单手推刨有两种方法，如图 2-20 所示。刨削断面时要先刨斜一面，然后再翻面刨削，防止戗劈。

图 2-20　单手推刨

c. 眼法：木料刨削后，是否方正平直、木板拼粘后有无缝隙是衡量木工刨削水平和眼力的重要标准。木工用眼力测定木料的方法一般有两种：一是站在料旁，以看平面的纵长线为标准，看对面边线是否与其重合，若重合则表示材面平

直；否则表示不平直。二是站在
料的端部，以所看平面的横端线
和身边的两角为标准，看另一头
的两角和端部是否平直，来判断
和测定材面是否平直。看料一般
用右眼顺光看，但也要练习背光
看。看料方法如图2-21所示。

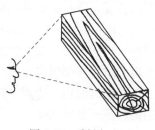

图 2-21　看料方法

B. 刨子的使用

a. 平刨的使用

无论是何种刨子在使用前都要先将刨刃量调好，刨刃露
出刨身量应以刨削量而定，一般为 0.1～0.5mm，最多不超
过 1mm。粗刨大一些，细刨小一些。若露出量大，可轻刨
床后部直到合适为止。

在开始刨料之前，应对材面进行选择，先看木料的平直
程度，再识别是心材还是边材，是顺纹还是逆纹。一般应选
比较洁净、纹理清楚的心材作正面，先刨心材面，再刨其他
面，要顺纹刨削，既省力又使刨削面平整、光滑。

第一个面刨好后，用眼检查材面是否平直，认为无误
后，再刨相邻的侧面。该面刨好后应用线勒子画出所需刨材
面的宽度和厚度线，依线再刨其他面，并检查其刨好后的平
直和垂直程度。

b. 线刨、边刨的使用：在使用前首先要调整好刨刃的露
出量。这两种刨的操作方法基本相似，用右手拿刨，左手扶
料。刨削时应先从离木料前端约 200mm 处向前刨削，然后
再后退一定距离向前刨。依此方法，一直刨到后端。最后再
从后端一直刨到前端，使线条深浅一致。

c. 槽刨的使用：使用前先调整刨刃的露出量及挡板与刨

刃的位置，以右手拿刨，左手扶料，先从木料后半部向前端刨削，然后逐渐从前半部开始刨削。如果是带刨把的槽刨，应将木料固定后，双手握刨，从木料的前半部向前刨，逐步后退到木料末端刨完为止。

开刨时要轻，待刨出凹槽后再适当增加力量，直到最后刨出深浅一致的凹槽。

d. 轴刨的使用：先将木料稳固住，调整好刨刃，两手握刨把，刨底紧贴材面，均匀用力向前推刨。轴刨一般是刨削曲线部分，在刨削中，常遇戗茬，为使刨削面光滑，可调刨头后两手向后拉刨。

C. 刨刃的研磨：刨刃用久后，刃口就会变钝，刨削效率降低而且费力，同时也刨不出平整光滑的表面，因此需要磨刃。

磨刃所用磨石，有粗磨石和细磨石。一般先用粗磨石磨刨刃的缺口或平刃口的斜面，用细磨石把刃口研磨锋利。

研磨时，先在粗磨石面上洒水，用右手捏住刨刃上部，食指、中指（亦可只用食指）压在刨刃上面，左手食指和中指也压在刨刃上，使刃口斜面紧贴磨石面，前后推磨，见图2-22。刨刃锋口磨得极薄时再换细磨石研磨，当锋刃磨到稍向正面倒卷时，可把刨刃正面贴到磨石上横磨，直到反复磨至刃锋锋利为止。

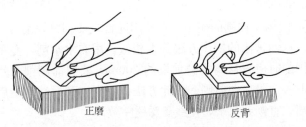

正磨　　　　　反背

图2-22　刨刃的研磨

（5）凿孔工具及使用方法

1）凿子的种类

凿子可分为平凿、圆凿和斜凿。一般最常用的是平凿。平凿有窄刃和宽刃两种，如图2-23所示。

A. 窄刃凿：是凿眼的专用工具。其宽度规格有 3、5、6.5、8、9.5、12.5、16mm 等，刃口角度为 30°左右。凿宽即为所加工的榫眼之宽度。由于窄凿很厚，所以凿深眼撬屑时不易折弯折断。

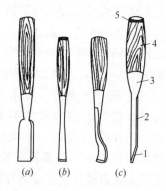

图 2-23　凿子

(a)平凿；(b)圆凿；(c)反口圆凿
1—凿刃；2—凿身；3—凿库；
4—凿柄；5—凿箍

B. 宽刃凿：也称薄凿或铲，主要用以铲削，如铲棱角、修表面等。其宽度一般在 20mm 以上，刃口角度为 15°～20°。由于凿身较薄，故不宜凿削使用。

2）凿子的使用方法

凿眼前，先将已划好榫眼墨线的木料放置于工作台上。凿孔时，左手握凿(刃口向内)，右手握斧敲击，从榫孔的近端 1 逐渐向远端 2 凿削，先从榫孔后部下凿，以斧击凿顶，使凿刃切入木料内，然后拔出凿子，依次向前移动凿削。一直凿到前边墨线 3，最后再将凿面反转过来凿削孔的后边4，如图 2-24 所示。

另外，还有一种下凿顺序

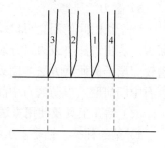

图 2-24　进凿顺序(1)

41

是先从孔的后部(近身)下凿，凿斜面向后，第2、3凿翻转凿面亦是斜向下凿，第4、5凿均为下直凿做两端收口，如图2-25所示。

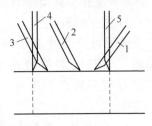

图 2-25　进凿顺序(2)

凿完一面之后，将木料翻过来，按以上的方式凿削另一面。当孔凿透以后，须用顶凿将木碴顶出来。如果没有顶凿，可以用木条或其他工具将孔内的木屑顶出来，凿孔方法和铲削方法见图2-26。

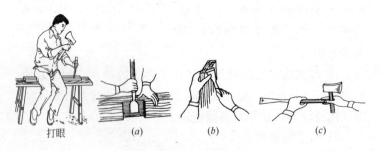

图 2-26　打眼和铲削方法

(a)单手垂直铲削；(b)单手平行铲削；(c)双手平行铲削

3) 凿刃的研磨

凿子长时间使用，刃口就会变钝，严重时会出现缺口或断裂。若出现缺口或刃口开裂，则必须先在砂轮机或油石上磨锐。凿子的研磨方法与刨刃的研磨大致相似。凿子不可在磨石中间研磨，以防磨石中间出现凹沟现象。

(6) 钻孔工具及使用方法

1) 钻的种类　钻是木工钻孔的工具，常用的有螺旋钻、手钻和牵钻。

A. 螺旋钻：又称麻花钻。钻杆长度为 500～600mm，用优质钢制成，钻杆前段成螺旋状，端头呈螺钉状，钻杆上端另穿木柄作为旋转把手，钻的直径为 6.5～44.5mm。

B. 手摇钻：又称摇钻。钻身用钢制成，上端有圆形顶木，可自由转动；中段弯曲处有木摇把；下端是钢制夹头，用螺纹与钻身连接，夹头内有钢制夹簧，可夹持各种规格的钻头。

C. 牵钻：又称拉钻，是古老的钻孔工具。钻杆用硬木制成，长约 400～500mm，直径约 30～40mm，分上下两节。上节为握把，呈套筒形；下节有卡头，卡头内呈方锥形深孔，可装钻头。在钻杆上部绕上皮索与拉杆相连，推拉拉杆，即可反复旋转。此钻的钻力较小，只适用于钻直径 2～8mm 的小孔。

2）钻的使用方法

A. 螺旋钻的使用：先在木料正面划出孔的中心，然后将钻头对准孔中心，两手紧握把手稍加压力，向前扭拧；当钻到孔的一半时，再从反面钻通。钻孔时，要使钻杆与木料面垂直。斜向钻孔要把握钻杆的角度。

B. 手摇钻的使用：左手握住顶木，右手将钻头对准孔中心，然后左手用力压顶木，右手摇动摇把，按顺时针方向旋转，钻头即钻入木料内。钻孔时要使钻头与木料面垂直，不要左右摆，防止折断钻头。钻透后将倒顺器反向拧紧，摇把按逆时针方向旋转，钻头即退出。

C. 牵钻的使用：左手握把，钻头对准孔中心，右手握住拉杆水平推拉，使钻杆旋转，钻头即钻入木料内。钻孔时，要保持钻杆与木料面的垂直，不得倾斜。

（7）其他工具

1）水平尺。有木制、钢制和铝制几种。水平尺中部及端部装有水准管，水平尺是用于校验物体表面的水平或垂直的，将尺平置于物体表面上，中部水准管气泡居中，则表示物面呈水平；将水平尺端部有水准管的一端向上，紧靠物体立面，若端部水准管水泡居中，则表示该面垂直。

2）线锤：是一个钢制的正圆锥体，上端中内有一带孔螺栓盖，可压进一条线绳备用，使用时以手捏线绳上端，线锤自然下垂，稳定后线即成为一条铅垂的标准。用眼睛顺标准线绳校视、检验物面或线角部位是否垂直。

3）改锥：学名为螺钉旋具，也称螺丝刀，用于装卸木螺钉，其形式有一字形和十字形，是安装和拆卸螺钉的专用工具。

使用时，使刀口紧压在螺钉帽槽内，顺时针方向拧为上紧，逆时针拧为退出。

4）锤子：也称锤头，木工常用的有羊角锤和平头锤。羊角锤可敲击，又可拔钉。锤头重约 0.25～0.75kg；柄长 300～400mm 左右，硬质木料锤把。钉钉子时以锤头平击钉帽，使钉子垂直钉入木料内，否则易把钉打弯。拔钉时，以羊角卡住钉帽向上撬，把钉拔起。

5）木锉：是用来锉削或修正榫眼、凹槽或不规则的表面用的。分粗锉和细锉；按形状可分为平锉、扁锉和圆锉。

扁锉最为常用，长度为 150～300mm，使用时装上木柄。锉削时，要顺纹方向，否则越锉越毛。

6）圆规：是一种画弧的工具，有钢制圆规，也可自制。一般画大圆和大弧都是用木板条、圆钉和绳子根据圆的大小自制，画小圆可用钢质圆规。

2. 木工机械

（1）锯剖机械

锯剖机械按照加工对象和适应范围，常用的有带锯机、截锯机和圆锯机等。

1）带锯机

带锯机主要是用来对木材进行直线纵向锯剖的设备，它是一种可以把原木或锯剖为成材的木工机械。带锯机按用途不同可分为原木带锯机、再剖带锯机和细木带锯机三种。按其组成不同又可分为台式带锯机、跑车带锯机和细木带锯机，由于锯剖木材的大小和用途不同，所以带锯机还有大、中、小之分。带锯机的大小依照锯齿轮的直径规格及送料系统的情况而定。

2）圆锯机

圆锯机主要用于纵向及横向锯割木材。

A. 圆锯机的构造　MJ109 型手动进料圆锯机，如图 2-27 所示，它是由机架台面、锯片、锯比子（导板）、电动机、防护罩等组成。

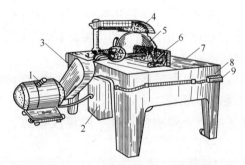

图 2-27　MJ109 型手动进料圆锯机

1—电动机；2—开关盒；3—带罩；4—防护罩；5—锯片；

6—锯比子；7—台面；8—机架；9—双联按钮

B. 圆锯片　圆锯机所用的圆锯片有普通平面圆锯片和

45

刨锯片两种，普通平面圆锯机的两面都是平直的，锯齿经过拨料，用来纵向锯割和横向截断木料，是广泛采用的一种锯片。刨锯片是从锯齿中心部位逐渐变薄，不用拨料，锯条表面有凸棱，对锯割面兼有刨光作用。

圆锯片齿形与被锯割木料的硬度、进料速度等有关，应依使用要求选用。一般圆锯片齿形分纵割齿和横割齿两种。

C. 圆锯机的操作

a. 圆锯机操作前，应先检查锯片是否安装牢固，以及锯片是否有裂纹，并装好防护罩及保险装置。

b. 安装锯片时应使其与主轴同心，片内孔与轴的空隙不应大于 $0.15\sim0.2mm$，否则会产生离心惯性力，使锯片在旋转中摆动。

c. 法兰盘的夹紧面必须平整，要严格垂直于主轴的旋转中心，同时保持锯片安装牢固。

d. 如锯旧料时，必须检查被锯割木材内部是否有钉子，或表面是否有水泥碴，以防损伤锯齿，甚至发生伤人事故。

e. 操作时应站在锯片稍左的位置，不应与锯片站在同一直线上，以防木料弹出伤人。

f. 送料不要用力过猛、过快，木材相对台面要端平，不要摆动或抬高、压低。

g. 锯剖木节处要放慢速度，并应注意防止木节弹出伤人。

h. 纵向剖长料时，要二人配合，上手将木料沿着导板不偏斜地均匀送进。当木料端头露出锯片后，下手用拉钩抓住，均匀地拉过，待木料拉出锯台后方可用手接住。锯剖短木料时必须用推杆送料，不得一根接一根地送料，以防锯齿伤手。

i. 为了避免锯剖时锯片因摩擦发热产生变形，锯片两侧要装冷水管。

（2）刨削机械

刨削机械主要有手压刨、压刨、三面刨和四面刨。

1）手压刨

手压刨又称平刨，由机身、台面（工作台）、刀轴、刨刀、导板、电动机等组成，现在工地已普遍应用。

A. 手压刨的组成

a. 机身。机身台面用铸铁制成。

b. 工作台。工作台可分为前工作台和后工作台，台面光滑平直，台面下部两边有角形轨道，与机身角槽配合在一起。台面底部前后两端装设手轮，通过手轮转动丝杠，使台面沿着轨道上升下降，用来调节刨刀露出台面的高低。在刨削时，后台面应与刨刀刃的高度一致，前台面低于后台面的高度就是刨层的厚度，这样可提高加工构件的精度。

c. 刀轴。机身顶部两侧装设轴承座，刀轴装在轴承内。刀轴的中部开有两个键槽，键槽内装配刨刀两片。当装在机身底部的电动机开动时，通过刀轴末端的 V 带轮，带动刀轴运转即可刨削。

d. 导板。台面上装有活动导板，可根据刨削构件的角度要求来调整导板的立面角度。

e. 刨刀。刨刀有两种，一种是带有孔槽的厚刨刀，一种是无孔槽的薄刨刀。刨刀按刀轴的构造来选用，厚刨刀用于方刀轴及带弓形盖的圆刀轴，薄刀轴用于带楔形压条的圆刀轴。

B. 手压刨操作注意事项

a. 操作前必须检查安全保护装置，并试运转达到要求后再进行加工操作。

b. 操作前要进行工作台的调整，前台要比后台略低，高度差即为刨削厚度，一般控制在 1～2.5mm 之间，一般经 1～2次即可刨平刨直。

c. 刨削前，应对需加工材料进行检查，以确定正确加工方案，板厚在 30mm 以下，长度不足 300mm 的短料，禁止在手压刨上进行刨削，以防发生伤手事故。

d. 单人操作时，人要站在工作台的左侧中间，左脚在前，右脚在后，左手按住木料，右手均匀地推送，如图 2-28 所示。当右手离刨 15cm 时，即应脱离料面，靠左手推送。

图 2-28　刨料手势

e. 无论何种材质的刨料，都应顺茬刨削，遇有戗茬、节疤、纹理不直、坚硬等材料时，要降低刨削的进料速度。一般进料速度控制在 4～15m/min，刨时先刨大面，后刨小面。

f. 同时刨削几个工件时，厚度应基本相等，以防薄的构件被刨刀弹回伤人。应尽量避免同时刨削多个工件。

2）自动压刨机

自动压刨机，它可以将经过手压刨刨过的两个相邻木料，刨削成一定厚度和一定宽度规格的木料。

A. 自动压刨机的构造

自动压刨机由机身、工作台、刀轴、刨刀滚筒、升降系统、防护罩、电动机等组合而成。常用有 MB103 和 MB1065 两种，图 2-29 所示是 MB1065 型单面自动压刨机。

图 2-29　MB1065 型自动压刨机

1—上滚筒压紧弹簧；2—进料防护罩；3—下料筒；4—工作台；

5—开关按钮；6—电源箱；7—机身；8—变速箱；

9—传动部分防护罩；10—工作台升降手轮；11—防护罩手柄

B. 自动压刨机操作注意事项

a. 操作前应检查安全装置，调试正常后再进行操作。

b. 应按照加工木料的要求尺寸仔细调整机床刻度尺，每次吃刀深度应不超过 2mm。

c. 自动压刨机由两人操作。一人进料，一人按料，人要站在机床左、右侧或稍后为宜。刨长的构件时，二人应协调一致，平直推进顺直拉送。刨短料时，可用木棒推进，不能用手推动。如发现横走时，应立即转动手轮，将工作台面降落或停车调整。

d. 操作人员工作时，思想要集中，衣袖要扎紧，不得戴手套，以免发生事故。

三、木结构工程

（一）大跨度木屋架的制作、安装

1. 木屋架制作的操作工艺顺序

熟悉设计图纸内容→放 1：1 屋架大样→按大样出各弦杆的样板→选材→配料→加工制作各弦杆→拼装。

2. 木屋架制作工艺要点

（1）熟悉设计图纸内容：为使屋架放样顺利，不出差错，首先要看懂、掌握设计图纸内容和要求，如：屋架的跨度、高度；各弦杆的截面尺寸；节间长度；各节点的构造及齿深等。同时，根据屋架的跨度，计算屋架的起拱值。

（2）放 1：1 屋架大样，以图 3-1 所示屋架为例（本例屋架跨度为 16m）。

1）弹出各弦、腹杆的中心线或轴线：先用墨斗线弹一条水平线，在水平线上量取线段 $AB=1/2$ 屋架跨度，即 $AB=1/2\times16000=8000$(mm)。过 B 点作 AB 的垂直线 BC。以 B 为起点，量取 $BD=1/200$ 屋架跨度，即 $BD=1/200\times16000=80$(mm)（BD 为起拱高度）。再以 D 点为起点，量取 DE 等于屋架的高度，即 $DE=4000$mm。DE 即为屋架中竖杆的中心线，E 点为屋架的脊节点中心。连接 AD、AE，则 AD 为屋架下弦的轴线，AE 为屋架上弦的中心线。在水平线 AB 上量取各节

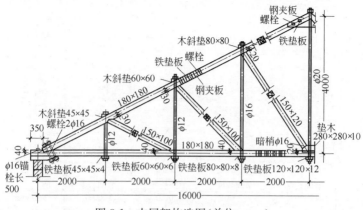

图 3-1　木屋架构造图（单位：mm）

间长度得 F、G、H 三点，即 $AF=FG=GH=HB=2000mm$。

过 F、G、H 分别作 AB 的垂直线，交下弦轴线 AD 于 N、I、J，交上弦中心线 AE 于 K、L、M。则 KN、LI、MJ 分别为竖杆的中心线。连接 KI、LJ、MD，分别为斜杆的中心线，如图 3-2 所示。

2）弹出各弦、腹杆的边线：在上弦中心线 AE 两旁分别量取 90mm，在斜杆中心线 KI、LJ、MD 两旁分别量取 50mm，随即弹出上弦和斜杆的边线。竖杆也可按此方法弹出边线。下弦下边线至下弦轴线的距离，按下式计算：

$$h_{下}=(H_{总}-H_{齿})\times\frac{1}{2}$$

式中　$h_{下}$——下弦下边线至下弦轴线的距离（mm）；

　　　$H_{总}$——下弦截面高度（mm）；

　　　$H_{齿}$——端节点最大的齿深（mm）。

本例的 $h_{下}=(180-40)\times\frac{1}{2}=70(mm)$。下弦上边线至下弦轴线的距离，按下式计算：

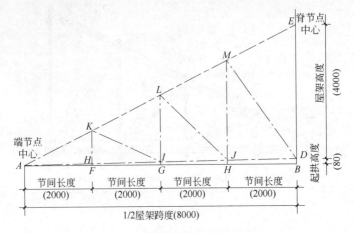

图 3-2 木屋架防线图(单位：mm)

$$h_{上}=H_{总}-h_{下}$$

式中 $h_{上}$——下弦上边线至下弦轴线的距离(mm)；

  $H_{总}$——下弦截面高度(mm)；

  $h_{下}$——下弦下边线至下弦轴线的距离(mm)。

本例的 $h_{上}=180-70=110$(mm)然后，在下弦轴线的上方量取 110mm，下方量取 70mm，分别弹出下弦的上、下边线，如图 3-3 所示。

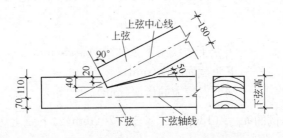

图 3-3 下弦轴线位置及端节点单齿构造

3) 弹出各节点的齿槽形状

A. 中间节点齿槽,以图 3-4 中 K 节点为例:根据图纸齿深要求,分别弹出齿深线和 1/2 齿深线,即齿深线距上弦下边线 30mm,1/2 齿深线距上下边线 15m(1/2×30＝15mm)。1/2 齿深线交斜杆中心线于 a 点。过 a 点作斜杆中心线的垂直线,交齿深于 b 点、交斜杆下边线于 c 点。连接 bd(d 点为斜杆上边线与上弦杆下边线的交点),则斜杆端部齿成形。离 d 点 5mm 左右,在上弦下边线上定一点 d',连接 bd',则上弦槽成形,如图 3-4 所示。

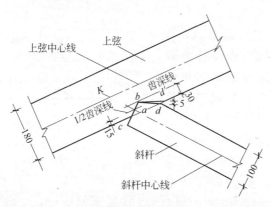

图 3-4   中间节点齿槽构造(单位:mm)

其他中间节点以及单齿端节点均可按此方法作出相应的齿槽。

B. 下弦中央节点:硬木垫块嵌入下弦 20mm,两边斜杆端头兜方锯平,紧顶在垫块斜面上,并在中间加暗梢。中竖杆穿过下弦杆及垫块,端头加垫板,双螺母拧紧,如图 3-5 所示。

C. 脊节点:脊节点为两根上弦与中竖杆连结处。当竖杆为圆钢时，上弦端头平接，相互抵紧；两侧用硬木夹板（或钢板）穿上螺栓夹紧，螺栓直径不小于 12mm，每侧至少两只。脊尖处要削平一些，将中竖杆穿过弦杆接缝孔中。端头加垫板，双螺帽拧紧，如图 3-6 所示。

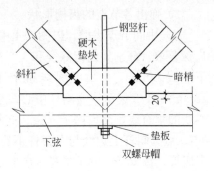

图 3-5　下弦中央节点构造

D. 双齿端节点：若木屋架端节点设计为双齿，则弹线按如下步骤进行：首先分别弹出第一齿和第二齿的齿深线。设第一齿深为 30mm，第二齿深为 50mm，则第一、第二齿的齿深线至

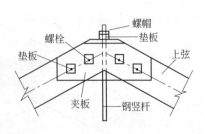

图 3-6　脊节点构造

下弦上边线的距离，如图 3-7 所示分别为 30mm 和 50mm。然后过 a、c 两点（a 点为上弦上边线与下弦上边线的交点，c 点为上弦中心线与下弦上边线的交点）分别作上弦中心线 AE 的垂直线，并交第一齿深线于 b 点，交第二齿深线于 d 点。连接 bc、de（e 为上弦下边线与下弦上边线交点），则上弦双齿成形。离 e 点 5mm 左右，在下弦上边线上定一点 e'。连接 de'，则下弦双齿槽成形。如图 3-7 所示。

（3）出样板：上述大样经认真检查复核无误后，即可出样板。样板必须用木纹平直不易变形和含水率不超过 18% 的

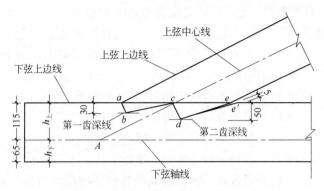

图 3-7　下弦轴线位置及端节点双齿构造

木材制作。先按各弦杆的宽度将各块样板刨光、刨直。然后放在大样上，将各弦杆齿、槽、孔等形状和位置画在样板上，并在样板上弹出中心线，最后按线锯割、刨光。每一弦杆要配一块样板。全部样板配好后，须放在大样上拼起来，检查样板与大样图是否相符。样板对大样的允许偏差不应大于±1mm。样板在使用过程中要注意防潮、防晒、妥善保管。

（4）选材：根据屋架各弦杆的受力性质不同，应选用不同等级的木材进行配制。当上弦杆在不计自重且檩条搁置在节点上时，上弦杆为受压构件，可选用Ⅲ等材；当檩条搁置在节点之间时，上弦杆为压弯构件，可选用Ⅱ等材。斜杆是受压构件，可选用Ⅲ等材，竖杆是受拉构件，应选用Ⅰ等材。下弦杆在不计自重且无吊顶的情况下，是受拉构件，若有吊顶或计自重，下弦杆是拉弯构件。下弦杆不论是受拉还是拉弯构件，均应选用Ⅰ等材。

上述木材等级系指制作构件的选材标准，并非木材供应的分级标准。各等级木材的缺陷限制，参见相关资料。

(5) 配料：配料时，要综合考虑木材质量、长短、宽窄等情况，做到合理安排、避让缺陷。具体要求如下：

1) 木材如有弯曲，用于下弦时，凸面应向上，用于上弦时，凸面应向下。

2) 木材裂缝处不得用于受剪部位（如端节点处）。

3) 木材的节子及斜纹不得用于齿槽部位。

4) 木材的髓心应避开齿槽及螺栓排列部位。

5) 上弦、斜杆断料长度要比样板实长多30～50mm。

6) 若弦杆需接长，各榀屋架的各段长度应尽可能一致，以免混淆，造成接错。

各弦、腹杆料断好后，在木料上弹出中心线，然后把样板放在木料上，两者中心线对准，沿样板边缘用铅笔画出其外形线，此线就是加工制作的依据。

(6) 加工制作应注意的问题：

1) 所有齿槽都要用细锯锯割，不要用斧砍，然后用刨或凿进行修整。齿槽结合面应平整、严密。结合面凹凸倾斜不大于1mm。弦杆接头处要锯齐锯平。

2) 钻弦杆接头处螺栓孔时，先将夹板夹于弦杆两侧临时固定牢，然后一起钻孔。钻头与木料面保持垂直，每钻下50～60mm后，提起钻头，清除木屑后，再往下钻，临近穿透时，下钻速度应缓慢，以免洞口边木料撕裂。受剪螺栓（例如连接受拉木构件接头的螺栓）的孔径不应大于螺栓直径1mm。系紧螺栓（例如系紧受压木构件接头的螺栓）的孔径可大于螺栓直径2mm。

3) 按样板制作的各弦杆，其长度的允许偏差不应大于±2mm。

(7) 拼装：

1）在下弦杆端部底面，钉上附木。根据屋架跨度，在其两端头和中央位置分别放置垫木。

2）将下弦杆放在垫木上，在两端端节点中心上拉通长线。然后调整中央位置垫木下的木楔（对拔楔），并用尺量取起拱高度，直至起拱高度符合要求为止。最后用钉将木楔固定（不要钉死）。

3）安装两根上弦杆。脊节点位置对准，两侧用临时支撑固定。然后画出脊节点钢板的螺栓孔位置。钻孔后，用钢板、螺栓将脊节点固定。

4）把各竖杆串装进去，初步拧紧螺帽。

5）将斜杆逐根装进去，齿槽互相抵紧，经检查无误后，再把竖杆两端的螺帽进一步拧紧。

6）在中间节点处两面钉上扒钉（端节点若无保险螺栓、脊节点若无连接螺栓也应钉扒钉），扒钉装钉要保证弦、腹杆连接牢固，且不开裂。对于易裂的木材，钉扒钉时，应预先钻孔，孔径取钉径的 0.8～0.9 倍，孔深应不小于钉入深度的 0.6 倍。

7）在端节点处钻保险螺栓孔，保险螺栓孔应垂直上弦轴线。钻孔前，应先用曲尺在屋架侧面画出孔的位置线，作为钻孔时的引导，确保孔位准确。钻孔后，即穿入保险螺栓并拧紧螺帽。受拉、受剪和系紧螺栓的垫板尺寸，应符合设计要求，不得用两块或多块垫板来达到设计要求的厚度。各竖钢杆装配完毕后，螺杆伸出螺帽的长度不应小于螺栓直径的 0.8 倍，不得将螺帽与螺杆焊接或砸坏螺栓端头的丝扣。中竖杆其直径等于或大于 20mm 的拉杆，必须戴双螺帽以防其退扣。

（二）木基层屋面操作

1. 屋面木基层的构造

屋面木基层是指铺设在屋架上面的檩条，椽条、屋面板等，这些构件有的起承重作用，有的起围护及承重作用。屋面木基层的构造要根据其屋面防水材料种类而定。

（1）平瓦屋面木基层

基本构造是在屋架上铺设檩条，檩条上铺屋面板（或钉椽条），屋面板上铺油毡、顺水条、挂瓦条等（图 3-8）。

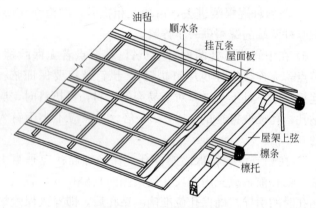

图 3-8　平瓦屋面木基层

檩条用原木或方木，其断面尺寸及间距依计算而定，一般常用简支檩条，其长度仅跨过一屋架间距。檩条长度方向应与屋架上弦相垂直，檩条要紧靠檩托。方檩条有斜放和正放两种形式，正放者不用檩托，另用垫块垫平（图 3-9）。

檩条在桁架上弦的接头，如上弦较宽，可用对头接头（图 3-10a）；如上弦较窄，可用交错搭接（图 3-10b）或上下斜

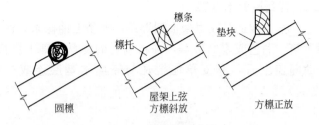

图 3-9 檩条搁置方式

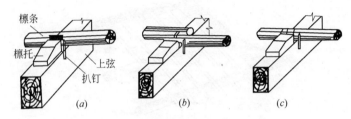

图 3-10 檩条在屋架上弦的接头

(a)檩条对头接头；(b)檩条交错搭接；(c)檩条上下斜搭接

搭接(图 3-10c)。

屋面板一般用厚度为 15～20mm 的松木或杉木板,有密铺和疏铺两种。密铺屋面板是将各块木板相互排紧,其间不留空隙;疏铺屋面板则各块木板之间留适当空隙。屋面板长度方向应与檩条垂直。屋面板上干铺油毡一层,油毡上铺钉顺水条(又称压毡条),顺水条与屋脊相垂直,其间距约400～500mm,断面可用(8～10)mm×25mm。在顺水条上铺钉挂瓦条,挂瓦条应与屋脊相平行,间距要依瓦长而定(一般在 280～320mm 之间),断面可用 20mm×25mm。

若屋面木基层不用屋面板,则垂直于檩条设置椽条,常见的以方木居多;如采用原木时,原木的小头应朝向屋脊,顶面略砍削平整。

（2）青瓦屋面木基层

它的基本构造是在屋架上铺檩条，檩条上铺椽条，椽条上铺苇箔、荆芭或屋面板等，并将调稀的麦草泥铺上屋面，未干时即盖上瓦，靠麦草泥把瓦与屋面木基层连成一体（图3-11）。

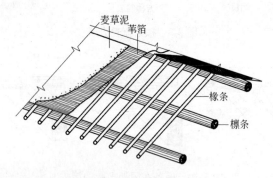

图 3-11 青瓦屋面木基层

南方多见在椽条上直接铺放小青瓦的做法，如图3-12所示。

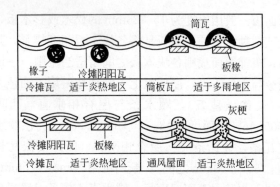

图 3-12 南方常见小青瓦铺法

檩条可用原木或方木，一般仅放置在屋架上弦节点上。

椽条一般用原木或方木制成，边长或直径为 40～70mm，间距为 150～400mm。椽条应与檩条相垂直。

（3）波形瓦屋面

波形瓦中有石棉瓦、木质纤维波形瓦、钢丝网水泥波形瓦、镀锌瓦楞铁匹、玻璃钢波形瓦等。其中以波形石棉瓦应用最多。

石棉瓦的规格有大波、中波、小波三类。石棉瓦可直接用螺钉钉在木檩条上，或在木檩条上铺放一层钢丝网（或钢板网）再铺瓦。一般每块瓦常搭盖三根檩条，瓦的上下接缝应在檩条上，檩条间距视瓦的规格而定。

木檩条宜采用上下斜搭接法。在有屋面板时，则在屋面板上铺油毡一层，瓦固定在屋面板上，这对防水隔热均有好处。

屋脊处盖脊瓦，以麻刀灰或纸筋灰嵌缝，或用螺钉固定。钉帽下套铁质垫圈，垫圈涂红丹铅油，并衬以油毡，也可采用橡匹垫圈（图 3-13）。

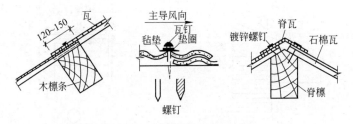

图 3-13　石棉瓦与檩条的连接

（4）封檐板与封山板在平瓦屋面的檐口部分，往往是将附木挑出，各附木端头之间钉上檐口檩条，在檐口檩条外侧钉有通长的封檐板，封檐板可用宽 200～250mm，厚 20mm 的木板制作（图 3-14）。

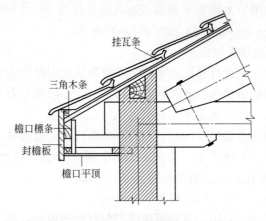

图 3-14　封檐板

青瓦屋面的檐口部分，一般是将檩条伸出，在檩条端头处也可钉通长的封檐板。在房屋端部，有些是将檩条端部挑出山墙，为了美观，可在檩条端头外钉通长的封山板，封山板的规格与封檐板相同(图 3-15)。

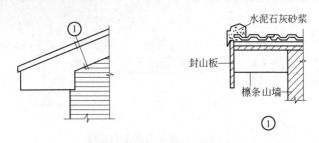

图 3-15　封山板

2. 屋面木基层的装钉

（1）檩条的装钉

简支檩条一般在上弦搭接，搭接长度应不小于上弦截面宽度。因此，配料时要考虑檩条搭接所需要的长度，即每根檩条配料长度等于屋架间距加一个上弦宽度。

檩条的断面尺寸及其间距，应按施工图要求设置。一榀屋架斜面上所需檩条(根)＝2×(屋脊顶至屋檐口端之长÷施工图中要求的檩条斜向设置间距)＋1。

如果上式计算的不是整数，则将小数点后的数删去加1，以满足檩条间距不大于规定尺寸。

装钉檩条应从檐口处开始，平行地向屋脊进行，各根檩条紧靠檩托，与上弦相交处都要用钉钉住。檩条如有弯曲应使凸面朝向屋脊(或朝上)。原木檩条应使大小头相搭接。檩条挑出山墙部分应按出檐宽度弹线锯齐。檩条支承在砖墙上时，应在支承位置处放置木垫块或混凝土垫块，木垫块要作防腐处理，檩条搁置在垫块上。檐口檩条留到最后钉，以免钉坡面檩条时运料不便。檐口檩条的接头采用平接，一定要在附木上，不能使其挑空。檩条装钉后，要求坡面基本平整，同一行檩条要求通直。

(2) 椽条的装钉

椽条的配料长度至少为檩条间距的2倍。装钉前，可做几个尺棍，尺棍的长度为椽条间的净距，这样控制椽条间距比较方便。也可以在檩条上划线，控制椽条间距。

椽条装钉应从房屋一端开始，每根椽条与檩条要保持垂直，与檩条相交处必须用钉钉住，椽条的接头应在檩条的上口位置，不能将接头悬空。椽条间距应均匀一致。椽条在屋脊处及檐口处应弹线锯齐。

椽条装钉后，要求坡面平整，间距符合要求。

(3) 屋面板的铺钉

屋面板所采用的木板，其宽度不宜大于150mm，过宽容易使木板发生翘曲。如果是密铺屋面板，则每块木板的边棱要锯齐，开成平缝、高低缝或斜缝；疏铺屋面板，则木板的边棱不必锯齐，留毛边即可。屋面板的铺钉宜从房屋中央开始分两边同时进行，但也可从一端开始铺钉。屋面板要与檩条相互垂直，其接头应在檩条位置，每段接头的延续长度应不大于1.5m，各段接头应相互错开。屋面板与檩条相交处应用两只钉钉住。密铺屋面板接缝要排紧；疏铺屋面板板间空隙应不大于板宽的1/2，也应不大于75mm。屋面板在屋脊处要弹线锯齐，檐口部分屋面板应沿檐口檩条外侧锯齐。屋面板的铺钉要求板面平整。

(4) 顺水条与挂瓦条的铺钉

屋面板经清扫后，干铺油毡一层，油毡应自下而上平行于屋脊铺设，上、下、左、右搭接至少70mm油毡。铺一段后，随即钉顺水条，顺水条要与屋脊相垂直，端头处必须着钉，中间约隔400~500mm着钉一只。顺水条钉好后，按照瓦的长度决定挂瓦条的间距。钉挂瓦条时，先在檐口外缘钉一行三角木条(用40mm×60mm方木斜对开)，或钉一行双层挂瓦条，这样可使第一行瓦的瓦头不致下垂，保持与其他瓦倾角一致。然后，用一尺棍比量间距，或在顺水条上弹线标记，自下而上逐行铺钉，挂瓦条与顺水条相交处必须着钉一只，挂瓦条的接头应在顺水条上，不能挑空或压下钉在屋面板上。挂瓦条要求钉得整齐，间距符合要求，同一行挂瓦条的上口要成直线。

(5) 封檐板与封山板的装钉

封檐板与封山板要求选择平直的木板，为了防止其翘曲变形，可在背面铲两道凹槽，凹槽宽约8~10mm，深约1/3板厚，槽距约100mm，也可在其背面每隔1m左右钉上拼条。封檐板与封山板的接头处应预先开成企口缝或燕尾缝。封檐板用明钉钉于檐口檩条外侧，板的上边与三角木条顶面相平，钉帽砸扁冲入板内。封山板钉于檩条端头，板的上边与挂瓦条顶面相平。如果檐口处有吊顶，应使封檐板或封山板的下边低于檐口吊顶 25mm，以防雨水浸湿吊顶。封山板接头应在擦条端头中央。

封檐板要求钉得平整，板面通直。封山板的斜度要与屋面坡度相一致，板面通直。

（6）石棉瓦的装钉

石棉瓦的铺法有切角铺法与不切角铺法两种。前者使上下、左右搭缝均在一条线上，美观整齐，受压时不易折断；后者施工较快，适用于大面积屋面。切角法为了免去上下两排和左右两行瓦四块相交处太厚不平，将相交处夹在中间的两层石棉瓦角割去一小三角，使该两层瓦经切角后在平面内顶接，而减少厚度。不切角铺法应将上下两排的长边搭接缝错开(图 3-16)。

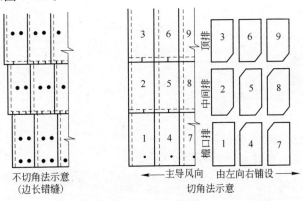

图 3-16　石棉瓦铺设方法

檩条上铺石棉瓦时，应从檐口铺向屋脊，横向应顺主导风向搭接。檐口处如无檐沟，则第一块瓦应伸出檐口 120～150mm。装钉前先在瓦上钻孔，为了考虑温度变化引起的变化，孔的直径较钉的直径大 2～3mm，钉从瓦楞背钉入。每张瓦的每边着钉 3 只。

四、模板工程

模板以不同的方式可有多种分类方法：如木模板、组合钢模板大模板、爬行模板、滑升模板等。本节只对木模板和组合钢模板的一般的施工方法作一些介绍。

（一）木模板的施工方法

木模板应用非常广泛，这里只以圆形结构木模板施工为例讲述。

1. 操作工艺顺序

木带配料尺寸计算→木带放样及制作→模板钉制→内模板安装→绑扎钢筋→外模板安装→浇筑混凝土→拆模。

2. 操作工艺要点

（1）木带配料尺寸计算：圆形结构模板的背面须用木带将模板圈箍加固，这样既能有效地避免出现模板断裂现象，又能方便模板的拼装。内、外木带外形如图 4-1 所示。

木带材料的长度和宽度，一般通过计算确定。木带的长度取弦长加 100～300mm，以便木带之间钉接。宽度为拱高加 50mm 左右。弦长和拱高的计算公式如下：

$$弦长＝直径×分块系数$$
$$拱高＝直径×拱高系数$$

分块系数和拱高系数，可由表 4-1 查得。

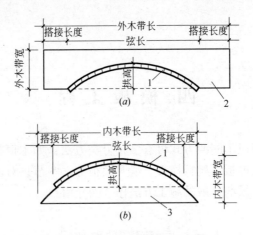

图 4-1 内、外木带模板示意图

(*a*)外木带模板示意；(*b*)内木带模板示意

1—模板；2—外木带；3—内木带

正多边形分块及拱高系数   表 4-1

分块数	分块系数	拱高系数	分块数	分块系数	拱高系数	分块数	分块系数	拱高系数
1			14	0.22252	0.01253	27	0.11609	0.00338
2	1.00000	0.50000	15	0.20791	0.01093	28	0.11197	0.00314
3	0.86603	0.25000	16	0.19509	0.00961	29	0.10812	0.00293
4	0.70711	0.14645	17	0.18375	0.00851	30	0.10453	0.00274
5	0.58779	0.09549	18	0.17365	0.00760	31	0.10117	0.00256
6	0.50000	0.06700	19	0.16459	0.00682	32	0.09802	0.00241
7	0.43388	0.04951	20	0.15643	0.00616	33	0.09506	0.00226
8	0.38268	0.03806	21	0.14904	0.00558	34	0.09227	0.00214
9	0.34202	0.03015	22	0.14232	0.00509	35	0.08964	0.00200
10	0.30902	0.02447	23	0.13617	0.00466	36	0.08715	0.00190
11	0.28173	0.02025	24	0.13053	0.00428	37	0.08481	0.00180
12	0.25882	0.01704	25	0.12533	0.00395	38	0.08258	0.00170
13	0.23932	0.01453	26	0.12054	0.00364	39	0.08047	0.00163

【例 1】 圆形水池，内径 6m，高 3m，池壁和池底厚 200mm，如图 4-2 所示。试求内、外木带的规格？

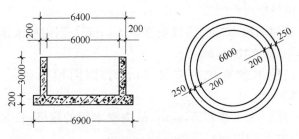

图 4-2 水池结构图（单位：mm）

【解】 首先确定模板分块数，即该水池的一周由多少块木带拼接围成。模板分块数应尽量取双数，且内、外模板的分块数也相同。现若确定内、外模板的分块数均为 16 块，则查表 4-1 得分块系数＝0.19509；拱高系数＝0.00961。

其次选定内、外模板的厚度，本例若选定内、外模板的厚度均为 20mm，则：

外模木带圆弧直径为水池外径加 2 块模板厚度：6000＋2×200＋2×20＝6440mm

内模木带圆弧直径为水池内径减 2 块模板厚度：6000－2×20＝5960mm

故：外模弦长＝6440×0.19509＝1256mm

外模拱高＝6440×0.00961＝62mm

相邻外模木带的搭接长度取 200mm，则外模木带长＝1256＋200＝1456mm

外模木带宽，取拱高加 58mm，则外模木带宽＝62＋58＝120mm

外模木带的厚度取 50mm，则外模木带的规格（长×宽×

69

高)为 1456mm×120mm×50mm

同理内模弦长=5960×0.19509=1163mm

内模拱高=5960×0.00961=57mm

相邻内模木带的搭接长度取 180mm，则内模木带长=1163+180=1343mm

内模木带宽取拱高加 63mm，则内模木带=57+63=120mm

内模木带厚度取 50mm，故内模木带的规格（长×宽×厚）应大于 1343mm×120mm×50mm

内、外模木带规格确定以后，就可着手配备相应木料。若现有木料规格小于上述计算规格，则需增大模板分块数，重新进行上述步骤的计算，直至计算所得的木料规格小于等于现有木料的规格为止。对于实心圆柱混凝土的模板，只需配制外木带；对于直径较小的圆柱，也可采用放样方法来确定木带的规格。

（2）木带放样及制作：（结构物内径 6m，高 3m，模板厚度 20mm，木带厚度 50mm）取一块长、宽尺寸略大于外木带计算规格的纤维板，取一根一端用钉子固定，半径为 3220mm 的平直木条，在该纤维板适当位置处画弧。在弧线上截取弦长 MN=1256mm，则 M、N 两点之间的弧线就是外木带的弧线，然后以此线为基准，分别画出外木带的外形线。按线锯割即得外木带的样板，见图 4-3(a)、(b)。在样板一侧钉一条靠山，然后将样板逐一在外木带木料上画出外形线，经锯割、刨削即得所需的外模木带，见图 4-3(c)。

同理可制得内模木带样板及内模木带，见图 4-4。

（3）模板钉制：按照模板分块数将整个内、外模板进行分块预制，分别钉成甲、乙两种各若干块模板。甲、乙两种

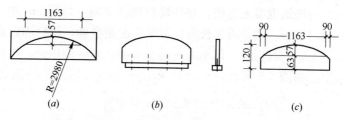

图 4-3 外木带制作(单位：mm)

(a)外带放样；(b)外带样板；(c)外木带

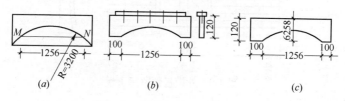

图 4-4 内木带制作(单位：mm)

(a)内带放样；(b)内带样板；(c)内木带

模板的木带应错位且两者之间应留 2～3mm 的空隙，便于相邻木带能方便地连接，如图 4-5 所示。为了安装顺利，保证整体圆形模板的尺寸准确，在钉制模板时，模板的宽度即弦(边)长应比计算的数字窄 1～2mm。

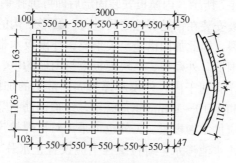

图 4-5 圆形池壁模板拼接(单位：mm)

为浇筑混凝土方便，在外模板高度方向，每隔 2m 左右应设门子板。门子板的长短、宽窄应配制准确，用钉固定在木带上(不要钉死)。门子板的端头应接在木带的中间，不得挑空，如图 4-6 所示。

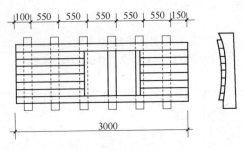

图 4-6　外模板预留门子板

(4) 模板安装与钢筋绑扎：首先在养护到一定强度的池底混凝土上放样，弹出水池内外壁的位置控制线，然后按线拼装，支撑固定内模板。分块模板拼装时接缝要严密，木带背面应加竖向围檩，内外模的竖向围檩长度均应高出内外 50～100mm，以便用铁丝箍扎。内模板下部宜用足够长的木料与圆心对面的内模板互相撑紧；中部和上部可用斜撑固定，如图 4-7 所示。内模板安装固定后即可绑扎钢筋。

外模板安装在钢筋绑扎之后进行。圆形结构的外模板最易发生断裂，因此加固措施至关重要。外模板木带背面也应加设竖向围檩。外模甲、乙块模板应与内模的甲、乙块模板相对，这样有利于内、外模对撑加固。常用的加固措施有：斜撑固定和用 10～16mm 钢筋绕箍，绕箍钢筋与竖向围檩间的空隙，应加木楔楔紧。另外也可采用对拉螺栓连接内、外模，为防止水池渗水，对拉螺栓上应设置止水片，如图 4-7 (b)所示。

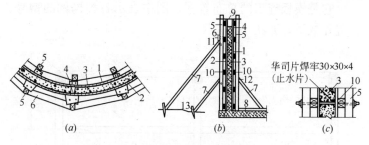

图 4-7 水池池壁模板的组装(单位：mm)

(a)水池模板组装平面(局部)；(b)水池模板螺栓固定剖面(局部)；

(c)水池池壁模板局部剖面图

1—内壁模板；2—外壁模板；3—水池壁；4—临时支撑；5—加固立楞；

6—加固钢箍；7—加固支撑；8—附加底楞；9—加固铁丝；

10—弧形木带；11—防滑木；12—圆钉；13—木桩

(5) 浇筑混凝土和拆模：混凝土浇筑应遵循分层浇捣原则，振捣混凝土时不得采用振动模板的方法来促使混凝土密实。当混凝土浇筑至门子板下口时应及时补钉门子板。拆模时应先拆外模，后拆内模。内模拆除材料外传过程中，严禁冲撞水池混凝土外壁。模板拆除后还要认真做好"落手清"工作。

(二) 组 合 钢 模 板

组合钢模板主要由钢模板和配件两部分组成，可使模板结构按预先设想的方案进行组装支设。它的施工工艺设计一般包括下列内容：

1. 施工段的划分根据流水施工的原理，划分钢模板施工作业段，用文字或单线简图表示施工段的位置和编号

2. 模板位置平面图

它是模板施工的总布置图，图中表示各种构件的型号、位置和数量，如图4-8所示。

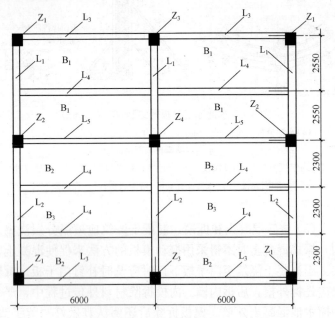

图 4-8　模板位置平面图（单位：mm）

3. 钢模板配板图

模板位置平面图上的每一型号的构件都应绘制钢模板配板图，在该图上表示出钢模板的型号、位置和数量。直接支承钢模板的钢楞或桁架的位置，在图上用虚线表示，其规格和数量可用文字在图上注明，如图4-9所示。

4. 支撑系统布置

对于梁模板的支架和其他较为复杂的支模方法，都应绘制支架布置图。模板安装时，为固定位置和调整垂直度所需的支撑和拉筋可不在图上表示，但其所用的材料规格和数量

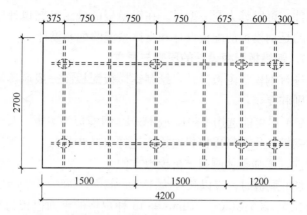

图 4-9　钢模板配板图(单位：mm)

应给予说明。

5. 模板周转和部件汇总表

根据施工方案和进度要求，用图表来表示模板周转程序，以标准施工段为单位统计钢模板的规格和数量以及相应的配件，同时还包括需要置备的部件和数量。由此提出工程钢模板的汇总表。

6. 施工设计说明

钢模板工程的施工工艺设计说明除介绍工程概况外，还应包括模板设计时取用混凝土最大测压力值、特殊荷载的数值、模板特殊部分的装拆要求、预埋件的固定方法和特殊结构的质量要求、技术措施等。

由于工程的结构和规模不尽相同，模板的复杂程度也不一样，因此施工工艺设计所表述的形式及其繁简程度可视具体情况而定。例如，当模板位置平面图较简单，则在钢模板配板图上注上轴线编号，可省去画该平面图。如果作业人员较熟练，对于钢模板配置基本相同，只是木材拼补有所不同

75

的部件，可以编为同一型号。在钢模板的施工工艺设计中最主要的是钢模板的配板设计和支撑系统的配制设计。

7. 钢模板配板设计的原则与要求

进行钢模板配板设计，绘制钢模板配板图一般应遵循下列原则和要求：

(1) 尽可能选用 P3015 或 P3012 钢模板为主板，其他规格的钢模板作为拼凑模板之用。这样可减少拼接，节省工时和配件，增强整体刚度，拆模也方便。

(2) 配板时，应以长度为 1500、1200、900、750mm，宽度为 300、200、150、100mm 等 16 种规格的平面模板为配套系列，这样基本上可配出以 50mm 为模数的模板。在实际使用时，个别部位不能满足的尺寸可以用少量木材拼补。

(3) 钢模板排列时，模板的横放或立放要慎重考虑。一般应以钢模板的长度沿着墙、板的长度方向、柱子的高度方向和梁的长度方向排列。这种排列方法称之为横排。这样有利于使用长度较大的钢模板，也有利于钢楞或桁架支承的合理布置。

(4) 要合理使用转角模板，对于构造上无特殊要求的转角可以不用阳角模板，而用连接角模代替。阳角模板宜用在长度大的转角处；柱头、梁口和其他短边转角部位如无合适的阴角模板也可用方木代替。一般应避免钢模板的边肋直接与混凝土面相接触，以利拆模。

(5) 绘制钢模板配板图时，尺寸要留有余地。一般 4m 以内可不考虑。超过 4m 时，每 4～5m 要留 3～5mm，调整的办法大都采用木模补齐，或安装端头时统一处理。

8. 钢模板配板排列的方法

(1) 钢模板横排时基本长度的配板：钢模板横排时基本长度的配板方法见表 4-2。

主板块数	0	1	2	3	4	5	6	7	8	其余规格块数	备注
序号	1	2	3	4	5	6	7	8	9		
1	1500	3100	4500	6000	7500	9000	10500	12000	13500		
2	1650	3150	4650	6150	7650	9150	10650	12150	13650	$600×2+450×1=1650$	△
3	1800	3300	4800	6300	7800	9300	10800	12300	13800	$900×2=1800$	○
4	1950	3450	4950	6450	7950	9450	10950	12450	13950	$450×1=450$	
5	2100	3600	5100	6600	8100	9600	11100	12600	14100	$600×1=600$	
6	2250	3750	5250	6750	8250	9750	11250	12750	14250	$900×2+450×1=2250$	△
7	2400	3900	5400	6900	8400	9900	11400	12900	14400	$900×1=900$	○
8	2550	4050	5550	7050	8550	10050	11550	13050	14550	$600×1+450×1=1050$	△
9	2700	4200	5700	7200	8700	10200	11700	13200	14700	$600×2=1200$	
10	2850	4350	5850	7350	8850	10350	11850	13350	14850	$900×1+450×1=1350$	

（表头左上角斜线格：模板长度(mm)）

注：○表示由此行向上移两档，△表示由此行向上移一档，可获得更佳的
配板效果。

【例2】 墙面长度为 11.25m 时，试做配板设计。

【解】 查表 4-2，序号 6，取 6 块 1500mm、2 块 900mm、1 块 450mm 的模板，由此配得模板的总长为 $1500\times6+900\times2+450\times1=11250mm$。

但工程上的构件单块平面的长度往往不像表内那样是按 150mm 进位的整数。如照上表拼配模板，一般会剩有 10～140mm 的尾数。当剩下长度为 100～140mm 时，配上 100mm 宽的竖向模板一列，于是约剩下 40mm。

当剩下长度为 50～90mm 时，可将表中主规格所拼配长度移上格，减一道序号取用，使剩下长度扩大为 200～240mm，再配 200mm 宽的竖向模板，剩下也约为 40mm。可用木模补缺。

【例3】 长度为 9140mm 或 11340mm 时，试作配板设计。

【解】 查表 4-2 序号 1，取 6 块为 9000mm，剩下 9140－9000＝140mm，可再加配宽 100mm 的竖向模板一块，最后余 40mm，待施工时拼配后按实际丈量的余数用木模补缺。

配 11340mm 长度时，在例 1 的基础上由 11340－11250＝90mm，所以不取表 4-2 的序号 6，而改取表 4-2 的序号 5，拼得 $1500\times7+600\times1=11100mm$，使 $11340-11100=240mm$，再加上宽 200mm 竖向模板一块，余 40mm，可用木板补缺。

（2）钢模板横排时基本高度的配板：钢模板横排时基本高度的配板方法见表 4-3。

（3）钢模板按梁、柱断面宽度的配板方法：钢模板按梁、柱断面宽度的配板方法见表 4-4。

表 4-3

模板横排时的基本高度配板(单位：mm)

主板块数 模板长度 序号	0	1	2	3	4	5	6	7	8	9	其余规格块数
	1	2	3	4	5	6	7	8	9	10	
1	300	600	900	1200	1500	1800	2100	2400	2700	3000	
2	350	650	950	1250	1550	1850	2150	2450	2750	3050	$200×1+150×1=350$
3	400	700	1000	1300	1600	1900	2200	2500	2800	3100	$100×1=100$
4	450	750	1050	1350	1650	1950	2250	2550	2850	3150	$150×1=150$
5	500	800	1100	1400	1700	2000	2300	2600	2900	3200	$200×1=200$
6	550	850	1150	1450	1750	2050	2350	2650	2950	3250	$150×1+100×1=250$

钢模板按梁、柱断面宽度的配板

表 4-4

序号	短面边长 (mm)	排列方案 (mm)	参考方案(mm)		
			Ⅰ	Ⅱ	Ⅲ
1	150	150			
2	200	200			
3	250	150+100			
4	300	300	200+100	150×2	
5	350	200+150	150+100×2		
6	400	300+100	200×2	150×2+100	

序号	短面边长（mm）	排列方案（mm）	参考方案(mm)		
			Ⅰ	Ⅱ	Ⅲ
7	450	300+150	200+150+100	150×3	
8	500	300+200	300+100×2	200×2+100	200+150×2
9	550	300+150+100	200×2+150	150×3+100	
10	600	300×2	300+200+100	200×3	
11	650	300+200+150	200+150×3	200×2+150	300+150+100×2
12	700	300×2+100	300+200×2	200×3+100	
13	750	300×2+150	300+200+150+100	200×3+150	
14	800	300×2+200	300+200×2+100	300+200+150×2	200×4
15	850	300 2+150+100	300+200×2+150	200×3+150+100	
16	900	300×3	300×2+200+100	300+200×3	200×4+100
17	950	300×2+200+150	300+200×2+150+100	300+200+150×3	200×4+150
18	1000	300×3+100	300×2+200×2	300+200×3+100	200×5
19	1050	300×3+150	300×2+200+150+100	300×2+150×3	

9. 支承系统配置设计的原则与要求

（1）钢模板的支承跨度：钢模板端头缝齐平布置时，一般每块钢模应有两个支承点。当荷载在 $50kN/m^2$ 以内时，支承跨度不大于 750mm。

钢模板端头缝错开布置时，支承跨度一般不大于主规格钢模板长度的 80%，计算荷载应增加一倍。

（2）钢楞的布置：内钢楞的配置方向应与钢模板的长度方向相垂直，直接承受钢模板传递来的荷载，其间距按荷载确定。为安装方便，荷载在 $50kN/m^2$ 以内，钢楞间距常采用固定尺寸 750mm。钢楞端头应伸出钢模板边肋 10mm 以上，以防止边肋脱空。

外钢楞承受内钢楞传递的荷载，加强钢模板结构的整体刚度并调整平直度。

（3）支柱和对拉螺栓的布置时钢模板的钢楞由支柱或对拉螺栓支承，当采用内外双重钢楞时，支柱或对拉螺栓应支承在外钢楞上。为了避免和减少在钢模上钻孔，可采用连接板式钢拉杆来代替对拉螺栓。同的为了减少落地支柱数量，应尽量采用桁架支模。

在支承系统中，对连接形式和排架形式的支柱应适当配置水平撑和剪刀撑，以保证其稳定性。水平撑在柱高方向的间距一般不应大于 1.5m。

五、木装修工程

（一）木地板工程

木地板分空铺木地板和实铺木地板，空铺式木地板铺装主要应用于面层距基底距离较大时，需用砖墙和砖墩支撑，才能达到设计标高的木地面，如首层木地面等（图 5-1）。实

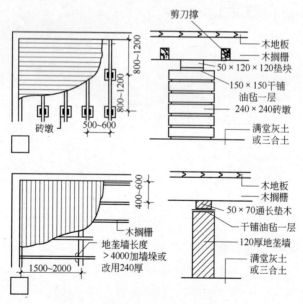

图 5-1　空铺式木地板构造（单位：mm）

铺木地板主要是指地板的面层与基层之间没有虚空间的铺设方式。

1. 空铺式木地板施工技术

施工工艺：砌筑地垄墙→铺设防水层→放置垫块→钉制木搁栅→加强剪刀撑→铺设毛地板→加铺防潮消声层→镶铺面层地板→打磨、油漆、上蜡。

（1）地垄墙砌筑。地垄墙坐落在坚硬的基底上。地垄墙一般采用红砖、水泥砂浆砌筑。

地垄墙的厚度和砌筑高度应符合设计要求；垄墙与垄墙之间距离一般不宜大于 2m。砖墩布置要同木搁栅的布置一致，如木搁栅一般间距 500mm，则砖墩间地应 500mm。若砖墩尺寸偏大，墩与墩之间距离较小，密时可将其连在一起变成垄墙。

地垄墙（或砖墩）标高应符合设计标高，必要时可于顶面抹水泥砂浆或豆石混凝土找平。

（2）空铺式架空层同外部及每道架空层间的隔墙、地垄墙、暖气沟墙，均要设通风孔洞。在砌筑时将通风孔留出。尺寸一般 120mm×120mm。外墙每隔 3～5m 预留不小于 180mm×180mm 的通风孔洞，外面安篦子，下匹标高距室外地墙不小于 200mm。

如果空间较大，要在地垄墙内穿插通行，要在地垄设 750mm×750mm 的过人孔洞。

（3）垫木。从安全考虑在地垄墙（或砖墩）与搁栅之间，一般用垫木连接，将搁栅传来的荷载，通过垫木传到地垄墙或砖墩上。垫木使用前应进行防火防腐处理，垫木的厚度一般为 50mm，可锯成一段，直接铺放搁栅底下，也可沿地垄墙通长布置。若通长布置，绑扎固定的间距应不超过

300mm，接头采用平接。在两根接头处，绑扎的铅丝应分别在接头处的两端 150mm 以内进行绑扎，以防接头处松动。

（4）木搁栅。木搁栅的作用是固定与承托面层，木搁栅断面积大小依地垄墙（或砖墩）的间距大小而定。间距大木搁栅跨度大，断面尺寸大。无论怎样选木搁栅断面尺寸，应符合设计要求。

木搁栅一般与地垄墙成垂直，摆放间距一般为 500～600mm，并应根据设计要求，结合房间具体尺寸均匀布置。木搁栅的标高要准确，表面用水平尺抄平，也可以根据房间 500mm 标准线进行检查。特别要注意木搁栅表面标高与门扇下沿及其他地面标高的关系。

木搁栅找平后，用 100mm 的铁钉从搁栅的两侧中部斜向 45°与垫木钉牢。搁栅安装要牢固，并保持平直。木搁栅表面要作防火、防腐处理。

（5）剪刀撑。它的作用是增加木搁栅侧向稳定性，增加楼地面的整体刚度，减少搁栅本身变形，剪刀撑布置在木搁栅两侧面，用 75mm 铁钉固定在木搁栅上。其间距应符合设计要求。

（6）毛地板。双层木地板的下层称毛地板，毛地板是使用松木板、杉木板等针叶木，其宽度不大于 120mm，铺前必须先把毛地板下空间内的杂物清除。

面层若是铺条形地板，毛地板应与木搁栅呈 30°角或 45°角斜向铺钉，木板的材心应朝上，边材应朝下铺钉，板面刨平，板缝一般为 2～3mm，相邻接缝应错开，毛地板和墙之间应留 10～20mm 的缝隙。

毛地板固定用板厚 2.5 倍的圆钉，每端钉两个。

（7）弹施工控制线。为了保证地板按照预定的角度铺钉，一般用施工控制线来控制。图 5-2 即为地板的施工控制线的平面图。

1）弹出房间的纵横中心线和镶边线。如图 5-3 所示，图中 d 为房间镶边宽度。

2）在纵向中心线的两侧弹出起始施工线，其间距为事先计算所得的起始施工线间距 a。

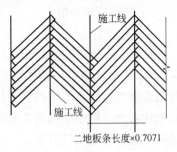

图 5-2 地板施工平面图

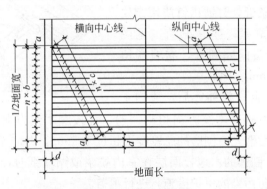

图 5-3 施工线布置图

3）在起始施工线的左右一次弹出施工线间距为 b。为了保证弹线的精度，避免产生累计误差，弹施工线时可采"斜线整数等分法"。

如设计要求面层地板下需铺油毡，而不便弹线时可采用挂线的方法代替弹线。

（8）铺油毡防潮、消声层一道。

（9）面层铺钉。

1) 铺钉长条地板：

A. 毛地板清扫干净后，弹直条铺钉线。

B. 由中间向四边铺钉（小房间可从门口开始）。

C. 先跟线铺钉一条作标准，检验合格后，顺次向前展开用长度为板厚 2.5 倍的钉子从凹槽边倾斜 45°角或 60°角钉入毛地板上。钉帽砸扁冲入板内 3～5mm，钉子不露，钉到最后一块，可用明钉钉牢。

D. 采用硬木长条地板时，铺钉前应先钻孔，孔径为钉径的 0.7～0.8 倍。

E. 为使缝隙严密顺直，在铺的板条近处钉铁扒钉或用楔块将板条靠紧，使之顺直，见图 5-4。接头间隔断开，靠墙端留 10～20mm 空隙。

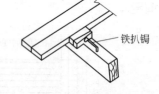

铁扒锔

图 5-4　钉铁扒钉铺长条地板

F. 企口板铺完后，清扫干净。先按垂直木纹方向粗刨一遍，再按顺木纹方向细刨一遍，然后磨光，刨磨的总厚度不超过 1.5mm，并应无刨痕。

G. 刨磨的木地板面层在室内喷浆或贴墙纸时，应采取防潮、防污染的保护措施，进行覆盖。

H. 油漆和上蜡，应待室内一切施工完毕后进行。

2) 铺钉拼花木地板：

拼花地板常用方格式、席纹式、人字式和阶梯式等，见图 5-5。

A. 毛地板清扫干净后，根据拼花形式，在地板房间中央弹出两条相互垂直的中心十字线或 45°角斜交线，按拼花大小标出块数进行预排。

B. 预排合格后确定镶边宽度（一房间大小或材料的尺

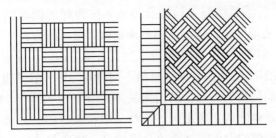

图 5-5 拼花木地板样式

寸，一般 300mm 左右），然后弹出分档施工控制线和镶边线，并在拼花地板线上沿长向拉通线，钉出木标准条。

C. 铺拼花木地板面层，应从房间中央开始向四周铺钉。人字纹木地板第一块的铺设是保证整个地板质量的关键，见图 5-6。

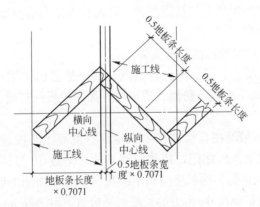

图 5-6　铺第一块地板位置示意

D. 铺钉时硬木拼花板条先钻好斜孔，孔大小为圆钉直径的 0.7～0.8 倍。然后用板厚 2.5 倍长的钉子两颗，穿过预先钻好的斜孔，钉入毛地板板内。

E. 标准板铺好并检验合格后，按弹好的档距画施工控制线，边铺油毡，边顺次向四周铺钉，最后圈边。

F. 钉镶边条：镶边条应采用直条骑缝铺钉，拼角处宜采用45°交接。当室内外面层材料不同时，门口处的镶边条应铺到门扇的位置的外口，使门扇关闭后看不到木地板。镶边宽度不满足镶边的正倍数时，不得采取扩大缝隙的办法，而应按实际缝隙的大小锯割镶边，锯割口一边应靠墙钉。圈边地板仍要做成榫接，末尾不能榫接的地板，要用胶粘钉牢。

G. 地板刨光：拼花木地板宜采用地板刨光机（或手提电刨）先粗刨，然后净光，打磨、油漆、上蜡。

2. 实铺式木地板施工技术

实铺有两种情况。一是将木搁栅直接固定在基底上，二是将拼花地板块直接铺贴在平整光滑的混凝土或水泥地面上。即加搁栅和不加搁栅两种。这两种方法当前对室内装饰木质地面都多被采用。

（1）加搁栅做法地板安装

施工工艺：埋放铅丝→安放搁栅→放置清体填充物（可不做）→铺毛地板→防潮、消声层→面层地板→打磨、油漆、上蜡。

1）如果是在首层往往是在地面打混凝土时按放搁栅的位置在墙上作出标记，依此拉线埋放 8 号或 10 号铅丝，并呈 U 形两边露出的长度应满足绑扎 50mm×70mm（可依空间放小搁栅截面尺寸）木方的长度，一般每边留 200mm 左右。

2）隔天将提前进行防腐、防火处理过的木搁栅依设计位置就位。固定和调整的次序：先将房间两边两根木搁栅调平、调直，用铅丝绑扎牢固作为其余搁栅的标志。而后，依这两根标志拉线，小线应离搁栅上表面 1mm，其余搁栅按设计位置和拉线标高绑扎固定，高低调整时，上表面以线为据，下部不平处可用背向木楔垫平，全部调好后用细石混凝土在搁栅下1/3处抹小八字(或采用木搁栅间用木拉撑固定木搁栅，并将背向楔用钉子与木搁栅固定的方法)。搁栅在绑扎铅丝处上表面应刻槽使铅丝嵌入，以免造成搁栅表面不平。

3) 为了保温和搁声效果可在搁栅内填焦渣类的填充物。若追求木地板本来的弹性效果，搁栅之间应保留空(可为空铺式)。

4) 面层做法可参考空铺木地板的方法，即毛地板→油毡→面层地板→镶边→木踢脚→打磨、油漆、上蜡。构造层见图5-7。

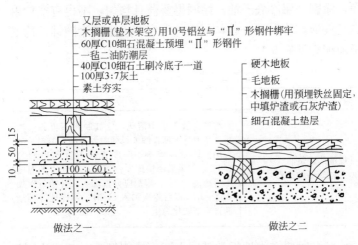

做法之一

做法之二

图 5-7 实铺式木地板构造层示意(单位：mm)

(2) 不加搁栅做法

1) 水泥地面拼花木地板胶粘法

胶粘法木地板施工一般是在标准层以上楼层使用，适应

89

不潮湿的环境，其施工操作比较简单。其为在抹好（平整度经检查符合要求）且已干燥透的水泥砂浆地面上经打磨清扫干净后，用水重30％的水泥108胶或水重15％的水泥乳液腻子分两遍找平（如地面比较平整可省去此工序），干燥后用1号砂纸打磨平整，用潮布擦干净。

干透后在上面弹施工线，依线用白乳胶中略加水泥的水泥乳液胶打点粘结（在地板条之间应满涂），逐块粘铺。

所有的地板条粘铺完成以后的工作如镶边、镶梯脚板打蜡工序可同前。

2）水泥地面拼花木地板沥青玛碲脂粘贴法

用沥青玛碲脂粘贴拼花木地板块，应先将基层清扫干净，涂刷一层冷底子油。涂刷得要薄且均匀，不得有空白麻点及气泡，待一昼夜后，再用热沥青玛碲脂随涂随铺。冷底子油配方见表5-1。

冷底子油参考配方比及配制方法　　表5-1

配合比成分（重量百分比）	调剂方法
10号建筑石油沥青　40 煤油或轻柴油　60 30号建筑石油沥青　30 汽油　70	将沥青放入锅中溶化，使其脱水不再起泡为止。将熬好的沥青倒入料桶中，再加入溶剂。如果用慢挥发性溶剂，则沥青的温度不得超过140℃，如果采用快挥发性溶剂，则沥青的温度不得超过110℃，溶剂应分批加入，开始每次加入2～3L，以后每次加入5L时，不停地搅拌至沥青全部融化为止

粘贴时要在木地板和基层上两面涂刷沥青，基层涂刷沥青厚度一般为2mm，木地板呈水平状态就位同时，用木块顶紧，将木地板排严。

铺贴时溢出表面的热沥青应及时刮去并擦干，结合层凝固后，进行刨平磨光，刨削厚度不大于1mm，一般每次刨削厚度为 0.3mm。刨平后拆去四边的顶紧块，进行木地板收边。

3）木地板胶粘剂铺贴法

木地板的胶粘剂法可用环氧树脂胶、万能胶、木地板胶水铺贴的方法：

粘贴前，先将基层表面彻底清擦干净（可按水泥乳液粘贴的方法处理底层），基层含水率不大于 15%。先在基层上涂刷一层薄而匀的底子胶，然后依设计方案和尺寸弹施工线。

待底子胶干燥后，按施工线位置，依线由中央向四周铺贴，边涂胶边贴。在基层上涂刷 1mm 左右胶液，在木地板背面涂刷 0.5mm 厚胶液，过 5 分钟，表面不粘手后进行铺贴，贴时木地板块要放平，用橡皮锤敲实排紧。

其余施工要求与上述沥青粘铺法相同。

硬木地板块（无论人字纹，正、斜席字纹）在使用前均应选料。方法是选颜色花纹相近的，用在一起颜色花纹有误差的应放在另外的房间，如无条件可采用渐变的方法减小混乱感且要经刨方处理。方法是：每一地板条都要规方，而后将花纹颜色相近的若干块拼在一起（条数以呈方为准），用带胶的纸条或胶带粘在一起，再次规方。且在此前应在板条底面抄清油一道，以防板条变形。

木地板镶贴后在常温下保养 2～3 天即可进行刨平，用手提电刨，刨削方向应同板条成 45°角斜刨，刨子不宜走得太快，吃刀量不宜过大，最大吃刀量厚度不宜超过 0.5mm。以加工面无刨痕为宜。

木地板刨平后，应用电动磨光机磨光，第一遍粗砂用 3号砂纸，第二遍磨光用 0～1 号砂纸。

而后刮腻子（清油地板或木质档次较高的可不用腻子，

以体现木材档次和木纹)→油漆→上蜡。

(3) 拼花木地板质量控制与检验

1) 拼花木地板面层是用加工好的成品铺钉于毛地板上，或是用沥青玛琋脂胶结料(或其他胶粘剂)粘贴于水泥地面(基层)上。

2) 拼花木地板面层图案、树种、规格应符合设计要求选用。如设计无要求时应选用硬木材质如：水曲柳、核桃木、柳桉等质地优良，不易腐朽、开裂的木材，做成企口、截口或平头接缝的拼花木地板。

3) 在毛地板上的拼花木板应铺钉紧密，所用钉长度应为面层板厚的 2~2.5 倍，从侧面斜向钉入毛地板中，钉头不应露出。拼花木地板的长度不大于 300mm 时，侧面应钉两个钉；长度大于 300mm 时，应钉三个钉。顶端均应钉一个钉。

4) 拼花木地板预制成块，所用的胶应为防水和防菌的。接缝处应仔细对齐，胶合紧密，缝隙不应大于 0.2mm，外形尺寸准确，表面平整。

预制成块的拼花木地板铺钉在毛地板或木格条上，以企口互相连结，铺钉的要求应同前述。

5) 用沥青玛琋脂铺贴拼花木地板，其基层应平整洁净、干燥，并预先涂刷一层冷底子油，然后用热沥青玛琋脂随涂随铺，其厚度一般为 2mm。铺贴时，木板背面亦应涂刷一层薄匀的沥青玛琋脂。

6) 用胶粘剂粘贴拼花木地板，通常选用 903 胶、925 胶、万能胶、环氧树脂等，铺贴时，板块间的缝隙宽度以小于 0.5mm 为宜，板与结合层间不得有空鼓现象，板面应平整。铺完后 1~2 天即应油漆、打蜡。

7) 用沥青玛琋脂或胶粘剂铺贴拼花木地板时，其相邻两块的高度差不应超过±0.5mm，过高或过低应予修整。铺贴时，沥青玛琋脂或胶粘剂应避免溢出表面，如有应随即刮去。

8）拼花木板条面层的缝隙不应大于0.3mm。面层与墙之间的缝隙，应以踢脚板或踢脚条封盖。

9）拼花木板表面应予刨（磨）光，所刨去的总厚不大于1.5mm，并应无刨痕。铺贴的拼花木地板面层，应待沥青玛琋脂或胶粘剂凝结硬固后，方可刨（磨）光。

10）拼花木地板面层的踢脚板或踢脚板压条等，应在面板刨（磨）光后再进行安装。

11）质量检测可依GB 50209—2002条例，允许偏差见表5-2。

木（竹）地面面层的允许偏差和检查方法 表5-2

项次	项　　目	允　许　偏　差(mm)				检验方法
		木地板面层			实木（竹）复合地板	
		松木地板	硬木地板	拼花地板	中密度（强化）复合木地板	
1	板面缝隙宽度	1.0	0.5	0.2	0.5	用钢尺检查
2	表面平整度	3.0	2.0	2.0	2.0	用2m靠尺和楔形塞尺检查
3	踢脚线上口平齐	3.0	3.0	3.0	3.0	拉5m通线，不足5m拉通线和钢尺检查
4	板面拼缝平直	3.0	3.0	3.0	3.0	
5	相邻板材高差	0.5	0.5	0.5	0.5	用钢尺和楔形塞尺检查
6	踢脚线与面层的接缝	1.0				楔形塞尺检查

(4) 质量通病及防治措施

1) 地板缝不严。板缝宽度大于 0.3mm。

产生原因：

A. 地板条规格不合要求：地板条不直（有顺弯或死弯），宽窄不一、企口榫太松等。

B. 拼装企口地板条时缝太虚，表面上看结合严密，经刨平后即显出缝隙，或拼装时敲打过猛，地板条回弹，钉后造成缝隙。

C. 面层板铺到最后时，剩余的宽度与地板条宽度不成倍数，加大了板缝。

D. 在铺设阶段木板时含水率过大，由于干缩出现"扒缝"。

预防措施：

A. 地板条的含水率应符合规范要求，一般应不大门10%。材料进场后，必须存放在干燥通风的室内。

B. 地板条铺装前需严格挑选，对不符合要求的应剔除，地板条有顺弯应刨直，有死弯应从死弯处截断，经适当修整后使用。

C. 地板条间缝隙小于 1mm 时，用同种木料的锯末加胶和腻子嵌缝。缝隙大于 1mm 时，用同种木材刨成薄片（成刀背形），蘸胶后嵌入缝内刨平（高档地板不允许）。

2) 表面不平整。

原因分析：

A. 房间内水平线弹得不准，如抄平时线杆不直、画点不准、墨线太粗等因素，造成积累误差大，使每个房间实际高低不一，或者木搁栅不平等。

B. 注意施工顺序，相邻房间的地面标高应以先施工的为准。

C. 使用电刨刨地板时，吃刀量和用手工刨刨光两处吃刀深度不同，造成整个地面高低不平。

预防措施：

A. 施工前应先校正水平线。有误差先调整。

B. 注意施工顺序，相邻房间的地面标高应以先施工为准。

C. 使用电刨刨地板时，刨刀要细要快，转速不宜过低（最好在每分钟 4000 转以上），行走速度要均匀，中途不要停顿。

D. 人工修边要尽量找平。

E. 两种不同材料的地面如高差在 3mm 以内，可将高处刨平或磨平，但必须在一定范围内，磨后不得有明显的痕迹。

F. 门口处高差为 3～5mm 时，可加门槛处理。

G. 高差在 5mm 以上，需将木地板拆开调整木搁栅高度（砍或垫），在 2mm 以内顺平。

3）拼花不规矩，如地板对角不方、错牙等。

原因分析：

A. 有的地板条规格不合要求，宽窄长短不一，施工前又未严格挑选，铺时没有套方，造成拼花犬牙交错。

B. 铺钉时没弹施工线或施工线弹得不准，排档不匀，操作人员互不照应，造成混乱，以致不能保证拼花图案均匀、角度一致。

预防措施：

A. 拼花地板条应经挑选，规格整齐一致。要分颜色装箱编号，操作中应逐一套方。

B. 铺贴拼花木地板时，宜从中间开始，每一房间的操作人员不要过多，以免头多不交圈。

C. 对称的两边镶边宽窄不一致时，可将镶边加宽或作横镶边处理。

4）地板颜色不一致。

原因分析：

使用材料树种不同，施工人员不重视感观效果，是造成"大花脸"的主要原因。

预防措施：

A. 施工前，按房间把木板条根据不同颜色编号，同一房间用同一号。

B. 如一房间地板条不是一个颜色时，可调配使用，色由浅入深或由深入浅逐渐过渡。将颜色深的板条用在光线强的部位。

5）地板表面戗槎。

原因分析：

A. 电刨刨刃太粗，吃刀太深，刨刃太钝，或电刨转速太慢，都容易将地板啃成戗槎。

B. 电刨的刨刃宽，能同时刨几根地板条，而地板条的木纹有顺有倒，倒纹就容易戗槎。

C. 机械磨光时砂布太粗或砂布绷得不紧有皱摺，将地板打出沟糟。

预防措施：

A. 使用电刨刨口要细，吃刀量要小，要分层刨平。

B. 行走速度要均匀，电刨转速要高，一般不少于4000转/分钟。

C. 机器磨光时砂布要先粗后细，要绷平，按顺序进行，不要乱磨，不要随意停留，必须停留时要先停转。

D. 人工净面要用净刨认真刨平，再用砂纸打光。

E. 有戗槎的部位应仔细用净刨，手工刨平。如局部戗槎较深，净刨刨不平时，可用扁铲将该处剔掉，再用相同的材料涂胶镶补。

6) 地板起鼓。

原因分析：

A. 室内作业场周围潮湿度太大，木板吸湿膨胀。

B. 未铺防潮层或地板未开通气孔。铺设面层后内部潮气不能及时排出。

C. 毛地板未拉开缝隙或拉的缝隙太小，受潮后鼓胀严重，引起面层起鼓。

D. 房间内上水、暖气试水时漏水，泡湿地板。

E. 门厅或阳台进雨水使木地板受潮起鼓。

预防措施：

A. 木地板施工必须合理安排工序，应先将外窗玻璃安好，然后先施工湿作业后施工木地板，湿作业完成后至少隔7～10天，待室内基本干燥再铺装地板。

B. 门厅或带阳台房间的木地板门口处可采取相应措施，避免雨水倒流。

C. 毛地板条之间拉开 3～5mm 的缝。

D. 地板面层留通气孔每间不少于 2 处，踢脚板上一般打 ϕ12mm 通气孔或设风篦子。

E. 室内上水和暖气片试水时，应在铺地板前进行或在木地板刷油、烫蜡后进行，试水时要采取有效措施，避免使木地板遭浸泡。

F. 双层地板，面板起鼓时，应将起鼓木地板面层拆开，在毛地板上钻若干通风孔，待晾干后重新铺。

（二）护墙板、门窗贴脸板、筒子板的制作

1. 护墙板（木台度）

（1）操作工艺（以胶合板面层为例）：按图弹出标高水平线和纵横分档线→按分档线打眼，下木楔→墙面做防潮层，并钉护墙筋→选择面料，并锯割成型→钉护墙板面层→钉压条。

1）弹标高水平线和纵横分档线：按图定出护墙板的顶面、底面标高位置，并弹出水平墨线作为施工控制线。定护墙板顶面标高位置时，不得从地坪面向上直接量取，而应从结构施工时所弹的标高抄平线或其他高程控制点引出。纵横分档线的间距，应根据面层材料的规格、厚薄而定，一般为400～600mm。

2）按分档线打眼下木楔：木楔入墙深度不宜小于40mm，楔眼深度应稍大于木楔入墙深度，楔眼四壁应保持基本平直。下木楔前，应用托线板校核墙面垂直度，拉麻线校核墙面平整度，钉护墙筋时，在墙的两边各拉一道垂直线（或先定两边的两条墙筋，用托线板吊垂直作为标志筋），再依两边的垂直线（或标志筋）为据，拉横向线校核墙筋的垂直度和平整度。钉筋时采用背向木楔找平，加楔部位的楔子一定着钉钉牢。

3）墙面做防潮层，并钉护墙筋：防潮层材料，常用的有油毡、油纸及冷热沥青。油毡、油纸应完整无误。随铺防潮层随钉。沥青可在护墙筋前涂刷亦可后刷。护墙筋，将油毡或油纸压牢并校正护墙筋的垂直度和水平度。护墙板表面可采用拼缝式或离缝式。若采取离缝形式钉护墙筋时，钉子不得钉在离缝的距离内。应钉在面层能遮盖的部位。

4）选择面板材料，并锯割成型：选择面板材料时，应将树种、颜色、花纹一致的材料用于一个房间内，要尽量将花纹木心对上。一般花纹大的在下，花纹小的朝上；颜色、花纹好的安排在迎面，颜色、花纹稍差的安排在较背的部位。若一个房间内的面层板颜色深浅不一致时，应逐渐由浅变深，不要突变。面层板应按设计要求锯割成型、四边平直兜方。

5）钉护墙板面层：钉面层前，应先排块定位，认清胶合板正反面，切忌装反。钉帽应砸扁，顺纹冲入板内 1～2mm，离缝间距，应上、下一致，左右相等(三合板等薄板面层可采用射钉)。

6）钉压条：压条应平直、厚薄一致，线条清晰。压条接头应采取暗榫或 45°斜搭接，阴、阳角接头应采取割角结合。

（2）质量标准：护墙板的质量标准参见相关质量标准中的有关内容。

（3）常见质量通病和防治方法

1）护墙板垂直度、平整度偏差过大：钉护墙筋时，未认真同时校正其垂直度和水平度，是引起护墙板垂直度、平整度超偏的主要原因。护墙筋材料，应厚薄一致，表面平整光洁。墙面两端的护墙筋，应先装钉，并校正其垂直度。然后拉长麻线控制中间护墙筋的平整度。对由于护墙筋表面个别凸块，节疤引起的垂直度、平整度偏差，可刨削其表面治理；对由于护墙筋整体引起的垂直度、平整度偏差，应分别调整垫衬材料的厚薄加以校正。

2）面层花纹错孔，颜色不均：铺钉面层前必须按块定位，统筹安排，切忌随拿随铺。对严重影响感观质量的面板，应返工重新铺钉。

2. 门窗贴脸板、筒子板

（1）操作工艺顺序：制作贴脸板、筒子板→铺设防潮层→装钉筒子板→装钉贴脸板。

（2）操作工艺要点

1）制作贴脸板、筒子板：用于门窗贴脸板、筒子板的材料，应木纹平直、无死节，且含水率不大于 12％。贴脸板、筒子板表面应平整光洁，厚薄一致，背面开卸力槽，防止翘曲变形，如图 5-8 所示。筒子板上、下端部，均各做一组通风孔，每组三个孔，孔径 10mm，孔距 40～50mm。

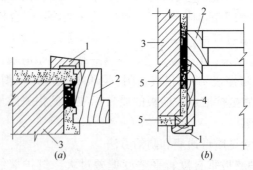

图 5-8　贴脸板、筒子板的装钉
(a)贴脸板的装钉；(b)筒子板的装钉
1—贴脸板；2—门窗框；3—墙体；4—筒子板；5—预埋防腐木砖

2）铺设防潮层：装钉筒子板的墙面，应干铺一层油毡作防潮处理。压油毡的木条，应刷氟化钠或焦油沥青作防腐处理。木条应钉在墙内预埋防腐木砖上。木条两面应刨光，厚度要满足筒子板尺寸的要求，装钉后的木条整体表面，要求平整、垂直。

3）装钉筒子板：首先应检查门窗洞的阴角是否兜方。若有偏差，在装钉筒子板时要作相应调整。装钉筒子板时，先装横向筒子板，后钉竖向筒子板。筒子板阴角应做45°割角，筒子板与墙内预埋木砖要填平实。先进行试钉（钉子不要钉死），经检查，待筒子板表面平整，侧面与墙面平齐，大面与墙面兜方，割角严密后，再将钉子钉死并冲入筒子板内。锯割割角应用割角箱，以保证割角准确。

4）装钉贴脸板：门窗贴脸板由横向和竖向贴脸板组成。横向和竖向贴脸板均应遮盖墙面不小于10mm。

贴脸板装钉顺序是先横向后竖向。装钉横向贴脸板时，先要量出横向贴脸板的长度，其长度要同时保证横向、竖向贴脸板，搭盖墙面的尺寸不小于10mm。横向和竖向贴脸板的割角线，应与门窗框的割角线重合，然后将横向贴脸板两端头锯成45°斜角。安装横向贴脸板时，其两端头离门窗框桢的距离要一致，用钉帽砸扁的钉子将其钉牢。

竖向贴脸板的长度根据横向贴脸板的位置决定。窗的竖向贴脸板长度，按上、下横向贴脸板之间的尺寸，进行划线、锯割。门的竖向贴脸板长度，由横向贴脸板向下量至踢脚板上方10mm处。其上端头与横向贴脸板做45°割角，下端头与门墩子板平头相接。竖向贴脸板之间的接头应采取45°斜搭接，接头要顺直。竖向贴脸板装钉好后，再装钉门墩子板。如设计无墩子板时，一般贴脸的厚度应大于踢脚板，且使贴脸落于地面。门墩子板断面略大于门贴脸板，门墩子板断料长度要准确，以保证两端头接缝严密。门墩子板固定不要少于两只钉子。装钉贴脸板，筒子板的钉子，其长度为板厚的2倍，钉帽砸扁顺纹冲入板内1～3mm。贴脸板固定后，应用细刨将接头刨削平整、光洁。

（3）细木制品的质量标准

1）保证项目

细木制品的树种、材质等级、含水率和防腐处理必须符合设计要求和《木结构工程施工及验收规范》（GB 50206—2002）的规定。细木制品与基层（或木砖）必须镶钉牢固，无松动现象。

2）基本项目

A. 制作质量：制作尺寸正确，表面平直光滑，摆角方正，线条顺直，不露钉帽，无戗搓、刨痕、毛刺、锤印等缺陷。

B. 安装质量：安装位置正确，割角整齐，交圈、接缝严密，平直通顺，与墙面紧贴，出墙尺寸一致。

3）允许偏差项目：细木制品安装的允许偏差和检验法见表5-3。

细木制品安装允许偏差和检验方法表　　表5-3

项次	项　目		允许偏差（mm）	检验方法
1	楼梯扶手	栏杆垂直	2	吊线和尺量检查
		栏杆间距	3	尺量检查
		扶手纵向间距	4	拉通线和尺量检查
2	护墙板	上口平直	3	拉线5m线，不足5m拉通线检查
		垂直	2	全高吊线和尺量检查
		表面平整	5	用靠尺和塞尺检查
		压缝条间距	2	尺量检查
3	窗台板 窗帘盒	两端高低	2	用水平尺和塞尺检查
		两端距窗洞长度差	3	尺量检查
4	贴脸板	内边缘至门框裁口距离	2	尺量检查
5	挂镜线	上口平直	3	拉线5m线，不足5m拉通线检查

（三）门窗的制作与安装

1. 木门窗的分类和构造

木门窗目前都有国家标准图集，而且各地区均有按本地区情况制定的标准图。现在建筑设计和施工时，一般均采用标准图进行设计和施工，仅个别特殊门窗才进行个体设计。

（1）木门

1）分类　木门分为镶板门、拼板门、玻璃门、夹板门等多种类型。

A. 镶板门。镶板门一般用作民用建筑的内外门、办公室门等，由门框与门扇两部分组成。当门高超过 2.4m，在门上部一般均设有亮子(腰窗)可供采光，如图 5-9所示。镶板门宽度在 1m 以内的为单扇门，宽度在 1.2～2.1m 时为双扇。

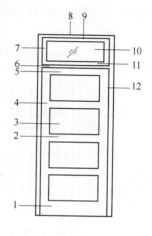

图 5-9　镶板

1—下冒头；2—中冒头；3—门芯板；4—门梃；5—上冒头；6—中贯档；7—窗梃；8—樘子冒头；9—上冒头；10—玻璃；11—下冒头；12—樘子梃

B. 拼板门。拼板门其门框与镶板门相同，门扇则由 10～15cm 宽的木板拼合而成，形式有单扇和双扇两种。拼板门的结构比较密实，坚固耐用，一般用于居住房屋的厨房外门，以及车库、仓库大门等对装饰要求比较低的地方，拼板门如图 5-10 所示。

C. 玻璃门。玻璃门与镶板门不同之处是将门扇中木制门芯板大部或全部改装成为玻璃，其形式有单扇、双扇、四扇等。分外开或内开，也有装弹簧合页（铰链）的对称弹簧门（自由门）；这种门适用于进出频繁的公共场所，如办公室、走廊、商店等，玻璃门如图 5-11 所示。

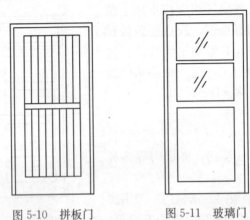

图 5-10　拼板门　　　　　　图 5-11　玻璃门

D. 夹板门。夹板门门扇由小木料构成骨架。在骨架两面粘贴胶合板或纤维板，门扇上部设置固定或中悬的玻璃小窗，因胶合板受潮易翘曲变形，故不能做外门或环境湿度较大的内门，如厕所、厨房、淋浴室等处。夹板门如图 5-12 所示。

E. 百叶门。百叶门结构与夹板门和镶板门相似。只是在下部有间隔斜镶的小板条（百叶板）。百叶板的特点是遮光通风。多用于厕所、淋浴室门。双开门可用于变电所（百叶设于门的下部主要是供散热）。百叶窗后部要设钢丝网，以防鼠虫的侵入和满足防火要求，图 5-13 所示为单开百叶门。

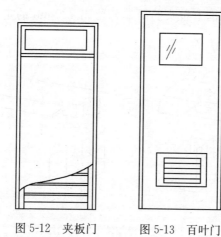

图 5-12　夹板门　　　　图 5-13　百叶门

2）门的代号

在木门的标准图集中。用门的代号表示各类型门窗及其宽度、高度尺寸。M 为门的代号。标准门的编号用 $M_{××}$，-××××，M 右下角的一个或两个数字表示门的类型，后面"××××"四个数字表示门窗的宽度和高度。

门的代号例如 M_{10}-1024，表示纤维板镶玻璃平开门，宽 1m、高 2.4m，但一般均不采用这种表示方法。在单一建筑中，为了简化门窗代号。常以该栋建筑物所用门窗，按大小顺序编号，即 M_1、M_2……此时要从个体设计建筑图首页门窗统计表中，另行注明选用的标准图集代号，也有专门为本工程绘制详细加工图的。

3）木门的构造

A. 门的结合构造。门的结合构造即门的拼接方法，分为门框结合构造和门扇结合构造。

B. 门框的构造。门框上冒头与门框边梃结合时，在上冒头上做眼，在边梃上做榫，或做成插榫，如先立框后砌

墙，则要在门框上冒头的两端各留出 120mm 的走头，如图
5-14所示。

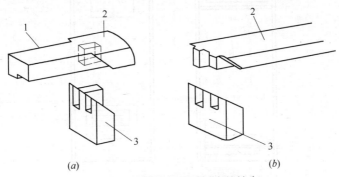

图 5-14　樘子梃与樘子冒头的结合

(a)有走头；(b)无走头

1—走头；2—樘子冒头；3—樘子梃

中贯档与樘子梃结合时，在梃上打眼，在中贯档的两
头做榫，如图 5-15 所示。

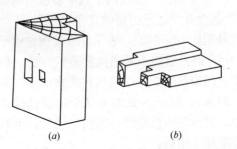

图 5-15　樘子梃与中贯档的结合

(a)边梃；(b)中贯档

　　C. 门扇的构造。门扇梃与门窗上冒头结合时，同样在
梃上打眼，在上冒头的两头做榫，榫应在上冒头的下半部，
如图 5-16 所示。

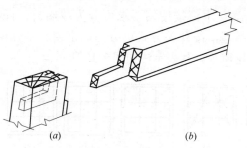

图 5-16　门梃与上冒头的结合

(a)门梃；(b)上冒头

　　门扇梃与中冒头和下冒头结合时，均在门扇梃上打眼，在中冒头和下冒头的两头做榫，如图 5-17、图 5-18 所示。但由于下冒头一般较宽，故常做成双榫，榫靠下冒头的下部。

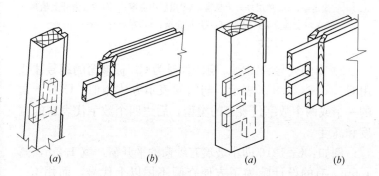

| (a) | (b) | (a) | (b) |

图 5-17　门梃与中冒头的结合　　图 5-18　门梃与下冒头的结合

(a)门梃；(b)中冒头　　　　　　(a)门梃；(b)下冒头

　　门芯板与门梃、冒头的结合，是在门梃和冒头上开槽，槽宽等于门芯板的厚度，槽深约为 15mm，将门芯板嵌入凹槽中，并使门芯板与槽底留 2～3mm 空隙，作门芯板的膨胀余地。

　　(2) 木窗

1) 分类　木窗按使用要求可分为玻璃窗、百叶窗、纱窗等几种类型，按开关方式可分为固定窗、平开窗、悬窗、旋窗和推拉窗等，其表示法如图 5-19 所示。

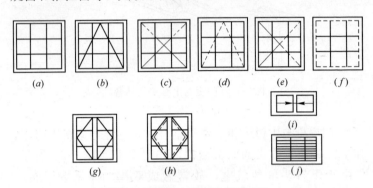

图 5-19　窗在立面图上的表示法

(a)单层固定窗；(b)单层外开上悬窗；(c)单层中悬窗；(d)单层内开上悬窗；
(e)单层垂直旋转窗；(f)双层固定窗；(g)单层外开平开窗；
(h)双层内外开平开窗；(i)水平推拉窗；(j)百叶窗

2) 窗的代号和图例　窗的代号为 C，标准窗的编号往往用 $C_{\times\times}$，-$\times\times\times\times$表示，与门的表示方法相似。C 右下角的一个或两个数字代表窗的类型，后边四个数字代表窗的宽度和高度。

例如：C_4-1216 即小玻璃有纱窗的平开窗，宽 1.2m，高 1.6m。有的设计院为了方便查阅不用以上代号，而用 C_1、C_2……顺序编号，再在建筑图首页上列表注明标准图号的代号，当然也有按设计需要另行设计的。

3) 木窗的构造

木窗立面图表示窗的形式、开启方式和方向。并标注主要尺寸和详图索引号。立面图上的尺寸标注法等与木门相同，可参考木门图。

2. 木门窗的制作

（1）木门窗的制作

施工工艺：放样→下料→刨料→画线→打眼→开榫、拿肩→裁口、起线→拼装→编号。

木门窗的制作　木门窗的制作过程包括：放样、配料与截料、刨料、画线、打眼、开榫与拉肩、裁口与起线、拼装、光面、堆放等。

1）放样　放样就是按照图样将门窗各部件的详细尺寸足尺画在样棒上。样棒采用经过干燥的松木制作，双面刨光，厚度约 25mm，宽度等于门窗框子梃的断面宽度，长度比门窗高度长 200mm 左右。

一根样棒可以画两面，一面画门窗的纵剖面，另一面画门窗的横剖面。放样时，先画出门窗的总高及总宽，再定出中贯档到门窗顶的距离，然后根据各剖面详图依次画各部件的断面形状及相互关系。样棒放好后，要经过仔细校核才能使用。样棒是配料截料和画线的依据，也是制作门窗过程中检查各部件和检验成品的标准。少量门窗制作，可不做样棒，直接从门窗详图上计算出各部件的断面尺寸及长度。

2）配料与截料　配料是根据样棒上（或从计算得到）所示门窗各部件的断面（厚度×高度）和长度，计算其所需毛料尺寸，提出配料加工单。门窗料一般按板方材规格料提供，因此各部件的断面毛料尺寸应尽可能符合规格料的尺寸，以免造成浪费。考虑到制作门窗料时的刨削、损耗，各部件的毛料尺寸要比净料尺寸加大些，具体加大量参考数据如下：

A. 断面尺寸。手工单面刨光加大 1～1.5mm，双面刨光加大 2～3mm，机械加工时单面刨光加大 3mm，双面刨光加大 5mm。

B. 长度尺寸。门框冒头有走头者(即用先立方法，门窗上冒头需加长)，加长 240mm；无走头者，加长 20mm，窗框梃加长 10mm，窗冒头及窗根加长 10mm，窗梃加长 30～50mm。配料时，应注意木料的缺陷，不要把节子留在开榫、打眼及起线的部位；木材小钝棱的边可作为截口边；不应采用腐朽、斜裂的木料，截锯时要考虑锯削的损耗量(一般可按 2～3mm 计算)，然后在木材毛料尺寸上画出截断线或锯削线，锯削时要注意木料的平直，截断时木料端头要平直。

3) 刨料　刨料时宜将纹理清晰的材面作为正面。对于框子料(梃子料)，可任选一个窄面为正面；对于扇料，可任选一个宽面为正面。正面上均应画上符号。对于门窗框的梃及冒头可只刨三面，不刨靠墙的一面；门窗扇的冒头和梃边只刨三面，靠窗框的一面可不刨，在安装时再行修刨。

刨完后，应将同类型、同规格的框扇堆放在一起，上下对齐，每两个正面相合，框垛下面平整垫实。

4) 画线　根据门窗的构造要求，在每根刨好的木料上画出榫头线、榫眼线等。画线前要先确定哪些地方画榫头，哪些地方画榫眼，榫眼要画出大小位置。

A. 榫眼的形式，在前边已详述，此处不再赘述。应注意榫眼与榫头大小配问题。

B. 画线操作宜在画线架上进行。将门窗料整齐叠放在架上，排正归方，并在架顶上画出榫眼位置，然后用方尺依次画下来，将每根榫料的榫眼的横线一起画出。横向联合线全部画好后，逐根取下来，画榫眼的纵线。所有榫眼都要注明是全榫还是半榫，是全眼还是半眼。

5) 打眼　为使榫眼结合紧密，打眼工序一定要与榫头相配合。打眼要选用等于眼宽的凿子，凿刃要锋利。先打全眼后打半眼，全眼要先打背面，凿到一半时翻转过来再打正面，直到凿透。眼的正面要留半条墨线，反面不留线，但比正面略宽。这样装榫头时可减少冲击，以免挤裂眼口四周。

打成的眼要方正，眼内要干净，眼的两端面中部略微隆起，这样榫头装进去就比较紧密。

6）开榫与拉肩　开榫又称倒卯，就是按榫头纵线向锯开。拉肩是锯掉榫头两边的肩头（横向），通过开榫和拉肩操作就制成了榫头。锯成的榫头要方正、平直，榫眼应完整无损，不准有因拉肩而锯伤的榫头。榫头线要留半线，以备检查。半榫的长度应比半眼的深度少 2～3mm，锯榫时要用凿子与榫头比一下，应准确合适。

7）裁口与起线　裁口又称铲口、铲坞，即在木料棱角刨出边槽，供装玻璃用。裁口要用边刨操作，要求刨得平直、深浅宽窄一致，不得戗茬起毛、凹凸不平，阴角要清理成直角。起线就是在木材棱角处刨出花纹线条，这要用线刨操作，要求刨地线条形状符合要求，线条通直，棱角整齐，表面光洁，阴角处要清理干净。

8）拼装　一般是先里后外。将榫头对准榫眼，用斧或锤轻轻敲入，敲打处要垫上硬木块，以免打坏榫头或打出痕迹，所有榫头应待整个门窗拼装好并归方后再敲实。

A. 拼装门窗框时，应先将中贯档与框子梃拼好，再装框子冒头，拼装门扇时，应将一根门梃放平，把冒头逐个插上去，再将门芯板嵌装于冒头及门梃之间的凹槽内，但应注意使门芯板在冒头及门梃之间的凹槽底留出 1.5～2mm 的间隙，最后将另一根门梃对眼装上去。

B. 门窗拼装完毕后，最后用木楔（或竹楔）将榫头在榫眼中挤紧，这个工序称为"打紧"。木楔的宽度稍小于榫眼宽，长度略短于榫头长。一般情况下，门窗框每个榫中加两个楔，窗扇每榫上加一个楔。加木楔时，应先用凿子在榫头上凿出一条缝槽，然后将木（竹）楔沾上胶敲入缝槽中。敲打时用力不要过猛，先轻后重逐步打进，当已轧紧时就不宜再敲，防止木料被墩裂。如在加楔时发现门窗不方正，应在敲楔时加以纠正。胶干后，将楔及榫头多余部分锯掉。

普通双（单）扇门窗，刨光后应平放，双扇门窗刨平后要成对作记号。门窗框靠砖墙或混凝土面应刷防腐油或煤焦油。

9）编号 制作和经修整完毕的门窗框、扇要按不同型号写明编号，分别堆放，以便识别。需整齐叠放，堆垛下面要用垫木垫平实，应在室内堆放，防止受潮，需离地 30cm。

（2）夹板门及硬百叶门窗的具体制作方法

前面介绍了木门窗制作的主要工序、制作过程和具体要求，现再结合两种经常制作的门窗具体做法阐述如下：

1）夹板门 夹板门的门框与普通木门框完全相同，只是门扇与普通木门扇不同。夹板门的里面是一个骨架，常见的骨架形式如图 5-20 所示。

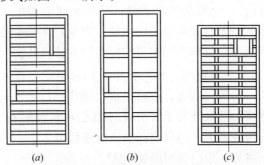

(a)　　　　　(b)　　　　　(c)

图 5-20　夹板的骨架形式

A. 骨架的外框断面约为 35mm×(50～70)mm，内部纵横向肋条的断面约为 35mm×35mm。肋条的中距与两侧的夹板厚有关，常用中距为 200～400mm。装锁位另加附木，锁孔离地面大约 900mm。骨架的各条横肋要钻 $\phi(4～9)$mm 的通气孔，或在边框内侧设置通风槽，以使内部空气流通。

B. 纤维板或胶合板厚 3～3.5mm，可以是整张的，也可用小张拼合。粘贴胶合板如采用豆胶则不耐水，不允许用作厕所及浴室门。如果用作外门应用能耐水的脲醛树脂、酚醛树脂等防水胶合板。门扇胶合板的四周常用 15～20mm 厚的木条镶边，这样做不仅整齐、美观，还可防止胶合板被撞坏。制作夹板门的步骤与方法如下：

a. 选料。骨架木料含水率不能大于 15%，一般应在 10%～12%。两面的夹板可以用三合板或五合板，用三合板时骨架的间距要小些；采用五合板时骨架厚度要略小于 40mm。有些夹板门采用纤维板，应注意不应用于潮湿的环境。

b. 制作骨架。保证骨架坚固、方正、平整，纵横肋条相交处，也要尽量平整，平整度不宜超过 0.3mm。

c. 胶合料。在胶料中，可以用化学胶中的乳白胶，有成品出售。在干燥环境中，也可以用自行熬制的骨胶，干燥时间最短不少于 4h。

d. 冷压。一般用带有丝杠的设备成批压，每批可压 50 扇左右。压力大小常凭经验来控制，以夹板四周均匀流出胶液为适度，20h 后松开丝杠，大约 24h 后即可刨边、涂胶、钉钉、镶边条。

e. 镶边整修。将门窗四边刨平，再把木条涂胶钉牢，胶干后用手工将胶合板净刨一次，或在磨光机上磨光，没条件时也可用砂纸手工磨光。

2) 硬百叶门窗 硬百叶就是固定百叶，用硬百叶代替芯板或窗上的玻璃就成了硬百叶门窗。硬百叶门窗的框子与普通门窗框完全相同，百叶板可以用木料或玻璃（夹丝玻璃）做成，百叶板的断面为 $(10\sim15)$ mm × $(50\sim70)$ mm，倾斜度为 $30°\sim50°$，间距约 30mm。百叶板的两端开榫嵌入边梃。在某种情况（如山墙尖上通风百叶窗）也可将百叶板直接嵌入窗的边框。有的百叶窗内侧加一层铁窗纱或钢丝网，目的是防止虫、蚊、鸟、鼠进入门窗内。硬百叶窗的构造如图5-21所示。

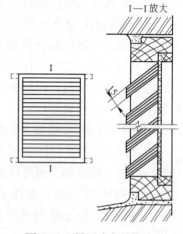

图 5-21 硬百叶窗的构造

制作硬白叶门窗方法与制造普通木门、木窗方法基本相同，比较特殊之处是百叶板与边梃的连接。百叶板榫头的断面以及边梃上的榫眼可以是长方形的，也可以是平行四边形的，还可以在边梃上开槽，把百叶板直接插至槽口里。

3. 木门窗框、扇的安装

（1）门窗框的安装

门窗框的安装有先立口和后立口两种方法。

1) 先立法 先立口是在砌墙前先把门窗框立好，后立口是在砌墙时留出洞口，以后把门窗框装进去。

A. 当墙砌到地坪下，一般在 -0.06m 处，为防潮层面，即在防潮层上开始立门框。当墙砌到窗台时，开始立窗框。在立框前首先要检查门窗型号、门窗的开启方向，窗框还有立中、立内平、立外平，还应验收门窗框的质量，如有变形、裂纹、节疤、腐朽应剔除。

B. 立门窗框首先应用准备好的托线板检查垂直度，防止门框不垂直而形成自开门、自关门；其次要检查立门窗框的高度，方法是用线拉在皮数杆上，应使门框上的锯口线水平一致；如在长墙上可以先立首尾两个门框，中间门框可以按拉线逐个立，使门框在里出外进及高度上均一致（过长的墙要注意线的挠度）；然后用钢皮尺复核门窗位置是否与图相符。

检验无误后，可用木条子钉在门或窗的两个边框上，一边与地面固结（称为塔头），在地面用木桩打入土内然后与木桩钉牢。在楼板上可以与空心楼板吊钩处固结。

C. 先立口时，在门框两个边梃外侧应有燕尾榫，以便与带有燕尾的经防腐处理的木砖固定，一边不少于两个，较高的门（如 2400mm）应有三个木砖，窗一般是一边两个。

D. 立门窗框前，应在门窗框与砖、混凝土的接触面涂刷沥青或煤焦油进行防腐处理，在成批生产的细木车间应在运往工地前做好防腐处理。

E. 为防止先立门窗框在施工时碰坏框，可在门梃两边三个面钉灰板条以作保护。

2) 后立法　采用后立口，在瓦工砌门窗洞时，将经防腐处理的木砖（木砖相当半块砖 120mm×120mm×60mm）砌入墙内，位置与先立口放木砖处相同。

A. 后立口时，门窗洞要按建筑平面图、立面图上的位置留出门窗洞口，清水墙每边比门窗框加宽 10mm。混水墙比门窗框各边加宽 15mm。

B. 后立口时，一般均在结构完成后再安装窗框。同时要检查开启方向、里出外进、高低及门窗框的垂直、水平等。

C. 后立门窗框立放正直后，将钉子钉帽砸扁，从两边门窗框内侧向木砖方向钉入固定。

（2）木门窗扇的安装

1）安装木门窗扇时，要检查框扇的质量及尺寸，如发现框子偏歪或扇扭翘，应及时修正。

2）安装时，要量好框口净尺寸，考虑风缝的大小，再在扇上确定所需高度和宽度，然后进行修刨。修刨时，先将门窗扇梃的余头锯掉。对扇的下冒头边略微修刨。再修刨上冒头。门窗扇梃两边要同时修刨，不要只刨一边的梃，双扇门窗要对口后，再决定修刨两边的边梃。

3）如发现门窗扇高度上的短缺时，应将上冒头修刨后测量出补钉板条的厚度，把板条按需刨光，钉于框的下冒头下面，这时门窗扇梃下端余头要留下，与板条面一起修刨平齐。不要先锯余头，再补钉板条。

4）如发现门窗扇宽度短缺时，则应将门窗框扇修刨后，在装铰链一边的梃上钉木条。

5）为了开关方便，平开窗下冒头底边可刨成斜面，倾角约 3°～5°，如为中悬窗扇，则上下冒头与框接触处均应刨成斜面，倾角以开启时能保持一定的风缝为准。

6）为了使三扇窗的中间固定扇与两旁活动扇统一整齐，宜在其上下留头边棱处刨个凹槽，凹槽宽度与风缝宽度相等。

7）门窗风缝的留设。考虑到门扇使用日久会有下垂现象，初装时应使风缝宽窄不一致。对于扇的上冒头与框之间的风缝，从装铰链的一边向摇开边逐渐收小，对门窗梃与框之间的风缝则应从上向下逐渐放大。使用日久，风缝则可形成一致。

8）风缝的留设，主要是为了使门窗扇开关方便。防止油漆涂料被磨掉；另外，也为外开门窗扇受淋潮湿后所产生的小量膨胀留有余量。

9）风缝大小一般为：门窗的对口处及扇与框之间应留1.5～2.5mm；但工业厂房双扇大门扇的对口处，应留25mm。门扇与地面之间应留空隙为：外门4～5mm，内门6～8mm。卫生间的门10～12mm，工业用房大门10～20mm。

10）安装门窗时，应先将窗扇试装于框口中，用木楔垫在下冒头下面的缝并楔紧，看看四周风缝大小是否合适，双扇门窗还要看看两扇的冒头或窗棂是否对齐和呈水平状态，认为合适后在门窗及框上画出铰链位置线，取下门窗扇，装钉五金，进行安装。

4. 木门窗五金的安装和制作安装质量标准

（1）木门窗五金安装

普通木门窗所用五金种类很多，常用的有普通铰链，单面和双面弹簧铰链，风钩插销、弓形拉手、门锁等。

1）装铰链

A. 一般木门窗铰链的位置距扇上下边的距离约为1/10，但应错开双下冒头。

B. 安装铰链时，在门扇梃上凿凹槽，其深度应略比合页板厚度大一点，使合页板装入后不致突出，根据风缝大小，凹槽深度应有所不同，如果风缝较小，则凹槽深度应偏大；如果风缝较大则凹槽深度应偏小。凹槽凿好后，将铰链页板装入，并使转轴紧靠扇边棱，用木螺钉上紧。在上木螺钉时，不得用锤子依次打入，应先打入 1/3 再拧入。然后将门扇试装入框口内，上下铰链处先各拧入一只木螺钉后。检查门扇的四周风缝的大小，如果不合适，要退出木螺钉修凿凹槽。经检查无误后再将其余木螺钉逐个拧入上紧。

C. 门窗扇安装妥后，要试开。不能产生自开或自关现象，应以开到哪里就停到哪里为佳。

2）装拉手

A. 门窗拉手应在上框之前装设。拉手的位置应在门窗扇中线以下。门拉手一般距地面 0.8～1.2m。窗拉手一搬距地面 1.5～1.6m。拉手距扇边应不少于 40mm。当门上有弹簧锁时，拉手宜在锁位之上。

B. 同规格门窗上的拉手应装得位置一致，高低一样。如门窗扇内外两面都有拉手，则应使内外拉手错开，以免两面木螺钉相碰。

C. 装拉手时，应先在扇上画出拉手位置线。将拉手平放于扇上。然后上对角线的两只木螺钉。再逐个拧入其他木螺钉。

3）装插销

插销有竖装和横装两种。

A. 竖装时。先将插销底板靠近门窗梃的顶或底。用木螺钉固定。使插棍未伸出时不冒出来。然后关上门窗扇。将插销鼻放入插棍伸出的位置上，位置对好后，随即凿出孔槽。放入插销鼻，并用木螺钉固定。

B. 横装插销装法与上述方法相同。只是先把插棍伸出，将插销鼻扣住插棍后，再用木螺钉固定。

4）装风钩

风钩应装在窗框下冒头与窗扇下冒头之间夹角处。使窗扇开启后约成 130°角，扇距墙角以不小于 10mm 为宜。左、右风钩要对称，角度一致，使上下各层窗扇开启后整齐一致。装风钩时应先将窗扇开启，与风钩试一下，位置决定后，将风钩上紧在窗框上，再将羊眼圈套住风钩，试装于窗扇上。确定位置后，卸去钩头，将羊眼圈上紧即可。

5) 装门锁

门锁种类非常繁杂，以内开门装弹子锁为例。

A. 门锁都有安装图，装锁前应看好说明，将包装内的图折线对准门扇的阳角安锁的位置贴好，先在门扇安装锁的部位用钻头钻孔（锁身、锁舌孔）。

B. 安装时，应先装锁身。把锁头套上锁圈穿入孔洞内，将三眼板套入锁芯。端正锁位（把商标摆正），用长脚螺钉将三眼板（即锁身）和锁头互相拴紧定位。再将锁身紧贴于门梃上。与锁芯插入锁身的孔眼中。用钥匙试开，看其锁舌伸出或缩进是否灵活，然后用木螺钉将锁身固定在门上。

C. 按锁舌伸出位置在框上画出舌壳位置线。依线凿出凹槽，用木螺钉把锁舌壳固定在框上。锁壳安装时应比锁身稍低些，以锁舌能自由伸入或退出即可。这样，门扇日久下垂后，锁身与锁壳就能平齐。

D. 安装时，锁身和锁壳应缩进门 0.5～1mm。这样可使门开关灵活。而且一旦门关不上时，也可刨削门扇边梃。

E. 外开门装弹子锁时，应先将锁身拆开，把锁舌翻身，重新装好，按内开门装锁方法进行安装。安外开门锁时，原有舌壳不能用，应另配一个锁舌折角，把折角往门框上安装时，折角表面应与门框面齐平或略微凹进一点。

(2) 门窗制作和安装质量标准

1) 木门窗框扇的质量要求和允许偏差

木门窗框扇的质量要求和允许偏差见表 5-4。

木门窗制作允许偏差（单位：mm） 表 5-4

项次	项　　目		允许偏差		
			Ⅰ级	Ⅱ级	Ⅲ级
1	翘曲	框	3		4
		扇	2		3
2	对角线长度差（框、扇）		2		3
3	胶合板、纤维板门扇平整度*		2		3
4	宽高	框	+0 −1		+0 −2
		扇	+0 −1		+2 −0
5	裁口线条和结合处的高差		0.5		1
6	扇的冒头或梃子对水平线		±1		±2

注：* 为1平方米内；Ⅱ级应在Ⅰ、Ⅲ级之间。

2) 木门窗安装的留缝宽度和允许偏差

木门窗的安装质量要求和允许偏差见表 5-5。

木门窗安装的允许偏差、留缝宽度（单位：mm） 表 5-5

项次	项　　目	允许偏差（留缝宽度）	
		Ⅰ级	Ⅱ、Ⅲ级
1	框的正、侧面垂直度	1～2	3
2	框对角线长度差	2	3
3	框与扇、扇与扇接触处高低差	2	
4	合窗扇对口和扇与框之间的留缝宽度	1.5～2.5	

120

项次	项　目	允许偏差（留缝宽度）		
		Ⅰ级	Ⅱ、Ⅲ级	
5	工业厂房双扇大门对口留缝宽度	2～5		
6	框与扇上缝的留缝宽度	1.0～1.5		
7	窗扇与下坎之间的留缝宽度	2～3		
8	门扇与地面留缝宽度	外门	4～5	
		内门	6～8	
		卫生间门	10～12	
		厂房大门	10～20	
9	门扇与下坎留缝宽度	外门	4～5	
		内门	3～5	

5. 钢门窗的安装和质量标准

钢门窗制作均在金属加工厂门窗加工车间加工，均有标准图，木工主要是现场安装，故制作部分从略。

钢门窗安装前要做好准备工作，如备好安装工具：锤子，螺钉，旋具(M5、M6、M8 三种)，电钻，$\phi 4.2$、$\phi 5.3$、$\phi 6.8$ 钻头，活络扳手，钢卷尺、水平尺、方尺、线锤等；还要对钢门窗进行检查，凡是门窗框有扭曲变形，门窗角梃芯有脱焊或榫头松动的，铰链有碎裂歪曲者，披水板脱焊或失落者，均应进行整修；最后还要核实钢门窗上的五金零件，根据钢门窗厂发货单，清点组装钢门窗用的各种螺栓、五金零件及螺钉，分清规格，清点数量，了解其用途。注意分类堆放，否则在车上混装，卸车必然混堆，往往因品种型号繁多，日后找寻非常困难。钢门窗在运进工地前，至少应该在充分除锈的基础上涂刷两遍防锈漆，允许在工地除锈涂漆，但必须在安装前完成。

(1) 钢窗的安装

1) 钢窗的安装方法　为了避免窗框受外力而变形，必须在预留的窗洞内进行安装。在砌墙或浇灌过梁时，应在钢窗的铁脚位置预留 50mm×50mm，深 100mm，外小里大的孔洞，亦可后凿洞，但凿洞时，应注意不要影响结构的安全。安装时选用木楔固定钢窗位置，木楔必须安置在窗框四角和窗桄端处，然后用线锤和水平尺校正窗框的垂直和水平度。调整木楔，使钢窗横平竖直，高低一致，再将铁脚管置于墙内预留孔洞中，并用螺钉将铁脚与框旋紧。随即浇灌水泥砂浆。窗框与砖墙之间的空隙应用水泥砂浆嵌填密实，以防止渗漏雨水。

2) 钢窗安装的技术要求　严禁将钢窗随意堆放，以防止钢窗变形，严禁不按规定埋入脚头和变更预埋件的长度。严格禁止将脚手板搁置在窗桄或窗芯上。

3) 钢窗的校正　钢窗在运输和安装过程中会产生一些微小变形，因此要在安装完毕与油漆之前进行校正，使其开关灵活。四角关合严密，窗芯分格纵横整齐一致。校正过程是：

A. 将窗扇轻轻关拢。看上面是否密合，下面是否留有5~10mm 的缝隙。若不能达到上述要求，需轻扳里框上部至符合要求为止。

B. 看里框下端吊角是否符合要求。一般双扇吊角应整齐一致，平开窗吊角为 2~4mm。

C. 交工前应在铰链处加油，使铰轴芯润滑。

D. 检查邻窗之间玻璃芯子是否整齐，如参差不齐，应加以校正，该项工作在进工地验收时就应把关。

E. 对有弯曲的窗扇，外框应加以矫正。

4）钢窗零件的安装 钢窗零件是作为窗扇开启、关闭和窗扇开启大小、定位用的。由于钢窗性能要求高，故钢窗零件比木窗复杂得多。不同的开启形式和开启方法，配有不同的零件。一般钢窗厂附有配置零件图。有特殊要求的钢窗要向钢厂特别提出。

A. 工厂生产框扇时，就已为日后安装零部件在相关部位钻孔或螺纹，或已设置连接件。安装时，用螺钉拧紧即可。零件安装严禁焊接。所有连接方法，各钢窗厂均有附图说明，所以安装木工必须详细阅读说明书，按图安装，避免搞错造成返工。

B. 安装钢窗零件。必须在建筑物里外装修完毕后进行，一般钢窗出场至少已经涂刷完第二遍防锈漆，以上均包括钢窗零件。

（2）钢门的安装

1）安装前必须按平面图分清向内或向外的开启形式，单扇门还需分清左手还是右手开启。按设计要求将钢门安装在门洞内。用木楔固定钢门的位置，木楔必须放在门框四角。用线锤和水平尺校正垂直和水平而后再楔紧。

2）当校正后，用一根与内框内净距相同的木条，在门框中部撑紧。以防嵌填砂浆时，框受力产生变形。

3）将铁脚装入墙内预留洞中，用螺钉将铁脚与门框旋紧。随即浇灌水泥砂浆，待水泥砂浆达到一定强度后，拆除木撑。校正门扇，装门锁等五金零件。方法及注意事项与安装钢窗相同。

（3）钢门窗允许安装偏差

钢门窗允许安装偏差见表5-6。

钢门窗允许安装偏差（单位：mm）　　　　表 5-6

项次	项　目		允　许
1	门窗框两对角线长度差	≤2000	5
		>2000	6
2	框扇配合间隙限值	铰链面	≤2
			≤1.5
		执手面	≤2
3	窗框扇搭接量的限值	实腹窗	≤4
		空腹窗	3
4	门窗框正、侧面的垂直度		3
			4～8
5	门窗框的水平度		
6	门无下坎时，内门扇与地面留缝限值		5
7	双层门窗内外框、梃中心距		

（四）吊 顶 工 程

　　吊顶可以改善室内的美观、保暖、吸声、光线效果；也可以将不便于外露及有碍观瞻的排水管道、照明、空调的设备进行隐蔽等。就吊顶的覆面材料，分为木板条抹灰、木条、纸面石膏板、水泥石棉板、钙塑板、矿棉吸声板、石膏多孔板、木丝板、纤维板、胶合板、塑料、玻璃吊顶等多种；板的形式有压花、藻井、内圆、中突、中凹等多种；骨架有木龙骨、轻钢龙骨和铝合金龙骨等。

　　依龙骨的形式分为明龙骨和暗龙骨吊顶；依功能可分为上人和不上人龙骨。

　　吊顶的种类虽然较多，但工艺大致均为以吊杆（挂件）连接主龙骨与结构层；主龙骨与次龙骨连接；次龙骨与板面结合几道工序。这里只介绍木龙骨石膏板吊顶、轻钢龙骨石膏板吊顶和铝合金龙骨板块面吊顶的工艺。

1. 木龙骨石膏板吊顶

施工工艺：下吊杆→弹控制线→镶边龙骨→安装主龙骨→安装次龙骨→安装横撑龙骨(设计主、次龙骨为上下结构时)→安装板面→钉盖缝条。

(1) 木龙骨石膏板吊顶的吊杆如果是在钢筋混凝土槽形板或钢筋混凝土空心板等基层，尚可在板缝中下"T"形铁件，铁件的竖直部分可以是螺杆或铅丝；如果基层为现浇钢筋混凝土板，可在浇制混凝土时下号吊杆或铅丝。

(2) 在吊顶四周墙面上由设计标高为据，弹一圈封闭的水平控制线。

(3) 依水平控制线为据，在线上依一定距离在墙上打眼，下好木楔，将边龙骨就位，用大钉子把龙骨和木楔钉牢。

(4) 将主龙骨逐根就位，用吊杆(挂件)初步连接，然后以两边边龙骨为准，拉线调直、调平主龙骨，并依规范要求起拱，然后紧固。

(5) 如果设计次龙骨的底面与主龙骨地面水平时，主、次龙骨的连接可采用在主、次龙骨的交角处用钉子斜向钉入，或在主次龙骨的交角处加木方并两个方向加钉的方法固定，亦可在主次龙骨上分别作十字半刻榫(主龙骨上做等口，此龙骨做盖口)卡腰结合；若设计为次龙骨安装在主龙骨下边时(此时应加横撑龙骨)，可将次龙骨用钉子直接钉在主龙骨上，亦可在主、次龙骨交角处设置短吊筋，分别钉在主次龙骨上。钉装次龙骨时要拉线找直。

(6) 如果需要做横撑龙骨，应依据墙边分好的横撑龙骨位置拉线，按实际尺寸截割木方，依拉线就位，并在次龙骨与横撑龙骨交角处加木方，两个方向分别钉入次龙骨和横撑龙骨。

(7) 钉装面层石膏板应采用螺钉，并且钉面要卧入板面2～3mm，待涂饰面层时用石膏腻子补平。

(8) 如果设计有盖缝条应用圆头螺钉把盖缝条固定。

2. 轻钢龙骨石膏板吊顶

施工工艺：下吊杆→弹控制线→安装主龙骨→安装次龙骨→安装横撑龙骨(有时可免去该工序)→安装板面。

(1) 按设计高度在墙的四周弹一圈封闭的水平线。

(2) 轻钢龙骨的吊杆多采用在现浇混凝土中下适于挂件孔径的圆钢，或在板上预留铁件上焊接圆钢。对预制板亦可采用在板缝中下"T"形铁件的方法。

(3) 轻钢龙骨有上人龙骨和不上人龙骨，上人龙骨的厚度为1.5mm，不上人龙骨厚度为0.6mm。通过挂件将主龙骨和吊杆连接(轻钢龙骨、连接件及吊挂件见图5-22)。

(4) 再将次龙骨用连接件与主龙骨连接，吊顶龙骨安装见图5-23。

(5) 安装横撑龙骨。

(6) 安装面板时，先将板材就位，用临时支撑固定后，用电钻在板和次龙骨上钻小于螺钉直径的孔，而后用螺钉固定(螺钉要卧入板面2～3mm)。

(7) 如果设计有盖缝条，将盖缝条装上。

3. 铝合金龙骨板块材吊顶

施工工艺：下吊杆→弹控制线→镶边龙骨→安装主龙骨→安装次龙骨→安装横撑龙骨→安装板面。

(1) 铝合金骨架吊顶的吊杆基本同轻钢龙骨骨架吊顶，可在现浇混凝土板中预埋吊杆或下铁件，以便焊接吊杆。预

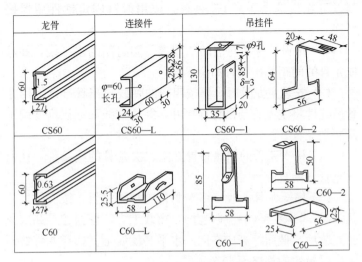

图 5-22　CS60、C60 系列龙骨及配件

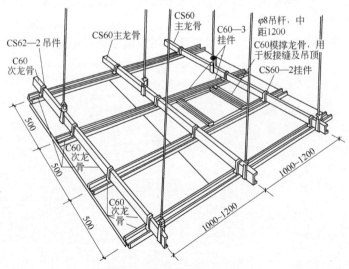

图 5-23　U形龙骨安装示意图

制板可在板缝中下"T"铁件，或用射钉固定铁件后焊接吊杆。

（2）依设计标高在墙的四周弹一圈封闭的水平线，并且依龙骨的间距画出龙骨的位置线。

（3）安装主龙骨时，要按四周的弹线拉出标准线，用龙骨吊挂件将主龙骨与吊杆连接好，并依拉线和起拱高度调平调制主龙骨。

（4）按次龙骨的间隔布置好主、次龙骨的连接件，挂上次龙骨，调直。

（5）横撑龙骨一般使用次龙骨同样的材料，按实际尺寸裁割(要考虑头部的处理尺寸)，窜装上去，横撑龙骨和次龙骨安装后，低面标高应在同一水平高度线上。横撑龙骨的间距应以板块的规格而定。

（6）镶面板时如果是明龙骨，板块直接搭在次龙骨和横撑龙骨的下边翼缘上；如果是暗龙骨，则是装饰板边制出企口缝镶板时缝口包住龙骨翼缘，吊顶低面见缝不见龙骨。

六、安全生产知识教育

安全的一般规定：

1. 严格遵守安全规章制度，确保安全生产。

2. 施工人员进入施工现场必须经三级安全教育，即施工单位专职安全人员对施工人员进行的安全教育，施工队对工人进行的施工现场安全教育，班组针对本工种进行操作项目的安全教育。特别是新工人必须经过安全教育并经考核合格后方可上岗。

3. 参加施工人员，要熟知本工种的安全技术操作规程，在操作过程中要坚守工作岗位，严格遵守操作规程。

4. 施工区域条件不一，作业环境不同，电气设备多，机械、材料多，杂物多，每个人要正确使用好个人安全防护用品，严禁赤脚、穿拖鞋或带钉的鞋进入操作岗位。

5. 进入施工区域的人员必须戴安全帽，高处作业者要正确系好安全带。

6. 施工区域内的一切安全设施不得擅自拆改。

7. 进入施工区域，非本工种人员禁止乱摸、乱动各种机械电器设备，不得在起重机械吊物下停留，不得钻到车辆下休息。

8. 禁止在楼层卸料平台处把头伸入井架内或在外用电梯楼层平台处张望。

9. 注意建筑物内的各种孔洞，特别要注意"四口"（通道口、预留洞口、楼梯口、电梯井口)的防护,上脚手架注意探头板及周边防护,不得冒险跨越。

10. 高处作业时,严禁向下扔任何物体,上下建筑物要走斜道,不得往下蹦跳。无可靠防护,在 2m 以上高处、悬崖和陡坡作业,要系好安全带。

11. 进入施工区域严禁打闹,吸烟到吸烟室,用火要办用火证,严禁酒后上岗操作。

12. 特种作业人员,必须持证上岗。

13. 从事高处作业人员要定期身体检查。凡患有高血压、心脏病、贫血症、癫痫病以及其他不适于高处作业人员,不得从事高处作业。

14. 高处作业人员应穿紧身工作服,即袖口、下摆、中腰有调节的钮扣和腰带,裤脚应裹紧,以防止在行走中刮碰,造成身体失去平衡,发生坠落事故。

15. 电气设备必须接零、接地,手持电动工具,要设置漏电掉闸装置。

16. 乙炔发生器和氧气瓶的安全附件,都要齐全有效,并保持安全距离。

17. 各种施工机械要完好,不准"带病"运转,不准超负荷使用,机械设备的危险部位,要有安全防护装置,并定期检查。

18. 搭设脚手架、井字架、挑架等,所用材料和搭设方法必须符合安全要求;搭设完毕要经过施工负责人验收,合格后方能使用。

19. 架设临时电线必须符合当地电业局的规定,线路必须绝缘良好,电动机械要做到一机一闸,遇有临时停电或停工时,要拉闸断电。

20. 高处作业时所用的物料，均应堆放平稳，不妨碍通行和装卸。工具应随手放入工具袋。作业中的走道、通道板和登高用具，应随时清扫干净。拆卸下的物件及余料和废料均应及时清理运走，不得任意乱置或向下丢弃。传递物件严禁抛掷。

21. 雨天和雪天进行高处作业时，必须采取可靠的防滑、防寒初防冻措施。凡有冰、霜、雪均应及时清除。

对进行高处作业的高耸建筑物，应事先设置避雷设施。遇有六级以上强风、浓雾等恶劣气候，不得进行露天攀登与悬空高处作业。暴风雨后，应对高处作业安全设施逐一检查合格后，才准作业。

22. 因工发生事故，应及时报告上级。

参 考 文 献

[1] 姜学拯，武佩牛主编. 木工. 北京：中国建筑工业出版社，1997.

[2] 梁玉成编. 建筑识图. 北京：中国环境出版社，1995.

[3] 陕西省八建公司. 木工. 北京：中国建筑工业出版社，1982.

[4] 薄遵彦主编. 建筑材料. 北京：中国环境出版社，2002.

[5] 建筑专业《职业技能鉴定教材》编审委员会. 木工(初、中级).
    北京：中国劳动社会保障出版社，2004.